普通高等教育土建学科专业"十二五"规划教材

高职高专土建类"411"人才培养模式综合实务模拟系列教材

顶岗实习手册

主 编 傅 敏 何 辉

主 审 丁天庭 金 睿

U0300594

中国建筑工业出版社

图书在版编目（CIP）数据

顶岗实习手册/傅敏，何辉主编. —北京：中国建筑工业出版社，2014.12
普通高等教育土建学科专业"十二五"规划教材，高职高专土建类"411"
人才培养模式综合实务模拟系列教材
ISBN 978-7-112-17305-1

Ⅰ.顶… Ⅱ.①傅… ②何… Ⅲ.①建筑工程—实习—手册 Ⅳ.①TU-45

中国版本图书馆 CIP 数据核字（2014）第 223020 号

本书为高职高专土建类"411"人才培养模式综合实务模拟系列教材之一。全书
分8个单元，主要内容包括：顶岗实习任务、施工组织策划、施工技术管理、施工进
度成本管理、施工质量安全管理、施工信息资料管理、施工监理、施工现场岗位体验
等8个顶岗实习内容。

本书可作为高职高专土建类专业顶岗实习教学指导用书，也可供相关专业技术人
员参考。

* * *

责任编辑：朱首明 李 阳
责任设计：王国羽
责任校对：姜小莲 党 蕾

普通高等教育土建学科专业"十二五"规划教材
高职高专土建类"411"人才培养模式综合实务模拟系列教材
顶岗实习手册
主 编 傅 敏 何 辉
主 审 丁天庭 金 睿

*

中国建筑工业出版社出版、发行(北京西郊百万庄)
各地新华书店、建筑书店经销
北京永峥排版公司制版
北京君升印刷有限公司印刷

*

开本：850×1168毫米 1/16 印张：11 字数：254千字
2014年12月第一版 2016年12月第二次印刷
定价：22.00元
ISBN 978-7-112-17305-1
(26089)

编 审 委 员 会

序

欣闻"411"人才培养模式综合实务模拟系列教材由中国建筑工业出版社正式出版发行，深感振奋。借助全国高职土建类专业指导委员会这一平台，我曾多次与"411"人才培养模式的研究实践人员、该系列教材的编著者有过交流，也曾数次到浙江建设职业技术学院进行过考察，深为该院"411"人才培养模式的研究和实践人员对于高职教育的热情所感动，更对他们在实践过程中的辛勤工作感到由衷的佩服。此系列教材的正式出版是对他们辛勤工作的最大褒奖，更是"411"人才培养模式实践的最新成果。

"411"人才培养模式是浙江建设职业技术学院新时期高职人才培养的创举。"411"人才培养模式创造性的开设综合实务模拟教学环节，该教学环节的设置，有效地控制了人才培养的节奏，使整个人才培养更符合能力形成的客观规律，通过综合实务模拟教学环节的设置提升学生发现、解决本专业具有综合性、复杂性问题的能力，以此将学生的单项能力进行有效的联系和迁移，最终形成完善的专业能力体系，为实践打下良好的基础。

综合实务模拟系列教材作为综合性实践指导教材，具有鲜明的特色。强调项目贯穿教材。该系列教材编写以一个完整的实际工程项目为基础进行编写，同时将能力项目贯穿于整个教材的编写，所有能力项目和典型工作任务均依托同一工程背景，有利于提高教学的效果和效率，更好的开展能力训练。突出典型工作任务。该系列教材包含《施工图识读综合实务模拟》、《高层建筑专项施工方案综合实务模拟》、《工程资料管理实务模拟》、《施工项目管理实务模拟》、《工程监理实务模拟》、《顶岗实习手册》、《综合实务模拟系列教材配套图集》等七本，突出了建筑工程技术和工程监理专业技术人员工作过程中最典型的工作任务，学生通过这些依据工作过程进行排列的典型工作任务学习，有利于能力的自然迁移，可以较好的形成综合实务能力，解决部分综合性、复杂性的问题。

该系列教材的出版不仅反映了浙江建设职业技术学院在建设类"411"人才培养模式研究和实践上的巨大成功，同时该系列教材的正式出版也将极大的推动高职建设类人才培养模式研究的进一步深入。此外该系列教材的出版更是对高职实践教材建设的一次极为有益的尝试，其对高职综合性实践教材建设的必将产生深远影响。

全国高职高专教育土建类专业指导委员会秘书长

土建施工类专业指导分委员会主任委员

杜国城

前言
Preface

"顶岗实习"是专业教学课程中的一门纯实践课程，它不同于普通实习、实训，它是通过真实的岗位体验、在学校的指导监管下由学生完成。

学生在企业提供的工地真实岗位完成顶岗实习，虽然教育行为没有发生在学校，但是实习过程依然是学校教学的重要组成部分。它需要学校来组织、指导和监管，由"工地师傅"和"同事们"来辅导、示范和督促；对学生来说，它更是一个能够在真实工作环境中培养严谨的工作作风、良好的职业道德和素养的重要步骤。因此，我们在撰写完成各项实习任务的步骤、方法、提示和拓展思考等指导内容的同时，还撰写了学生在下工地实习前需进行的"实习动员、交底和教育"的内容，介绍了如何理解、选择、接受适当的实习任务的方法，实习考评的方式、标准、监管等要求，以培养技术技能型人才为目标，将行为和思想指导渗透到学生顶岗实习的细节之中，以利规范教学行为、提高教学效果。

我们采用"三过程技能训练法"来完成顶岗实习教学，本教材按此训练法撰述：

过程一，收集资料、对照学习。由学生根据确定的实习任务，查工地现场已有的对应工作成果，对具体工作成果有直观认识并调动工作兴趣；查找相关教材、规范、资料等，对照学习并加深对相关知识的理解。教材中主要介绍应查找的"成果资料"、"教材"、"标准"、"参考资料"和"建议对照学习理解的内容"。

过程二，跟踪模仿、学习理解。从感性认识入手，直观了解实习工作的过程、步骤和方法以及工作时需使用的设备，理性思考归纳并模仿练习，完成从感性认识到理性认识的提升。教材中主要提示学生"应关注的重点和关键点"，以便分节点模仿学习，并用这些节点提示来引导学生形成"工序"、"标准工作步骤"的概念，养成理性思考、总结归纳的习惯。

过程三，独立顶岗，完成任务。在学习理解的基础上，通过一定的指导、摸索，独立自主完成任务。在教材中，以较常用、规范的操作步骤提示，指导学生自主完成实习工作。

为了"规范专业人员的职业能力评价，指导专业人员的使用与教育培训"，住房和城乡建设部批准自2012年1月1日起实施的《建筑与市政工程施工现场专业人员职业标准》（JGJ/T 250-2011）。根据"三对接"原则，本教材的实习任务和培养要求依据该标准编写。

针对工地顶岗特点，我们请了上百位"工地师傅"，结合我们的实习任务，讲述他们对这些工地工作的感受、提醒和建议，并把它整理成了"师傅说"环节，放在每个单元的最后，供参考。虽然这些内容不一定很全面、很准确，但他们真实的感受、扼要的提醒、中肯的建议，相信能对我们的学习和工作起到很好的引导作用。在此，也向那些帮助过我们的师傅们表示感谢！

本教材的撰写团队，由具有多年教学经验的老师和企业的技术专家共同组成，涉及力学、材料、结构、施工、监理、行政管理等多个学科门类的专业背景。本教材由傅敏、何辉主编，沙玲、梁晓丹任副主编。具体分工如下：单元1中的子单元1、子单元2由傅敏撰写，子单元3由梁晓丹撰写；单元2中的子单元1由傅敏、潘统欣撰写，子单元2由程志高撰写，子单元3由余伯增、刘明晖撰写；单元3中的子单元1由陈园卿撰写，子单元2由郑嫣撰写，子单元3由林滨滨撰写；单元4、单元6由傅敏、郑嫣撰写；单元5由陈园卿撰写；单元7由潘统欣、郑嫣、傅敏撰写；单元8由梁晓丹撰写。

全书由浙江建设职业技术学院院长何辉教授统筹、策划，并亲自指导撰写和校审。浙江建设职业技术学院原建工系主任、浙江升华房地产开发有限公司总经理丁天庭副教授和浙江建工集团总工金睿教授级高工对本教材进行了细致的审核工作，并对编写工作提出了许多中肯和宝贵的意见。本教材的编写过程中得到浙江建工集团、浙江一诚工程咨询有限公司等诸多单位和专家的大力支持和帮助，浙江建设职业技术学院建工系和经管系的大量教师一起参加了编审工作，在此表示衷心的感谢！

由于与顶岗实习配套的教材没有编写先例，可参考资料较少，且限于我们自身水平，难免存在不妥之处，敬请多提宝贵意见。

目录
CONTENTS

单元

顶岗实习任务

"实习任务"是顶岗实习的核心载体。选择的实习任务合适，任务量适中是实习效果良好的前提。因此，在下达实习任务时就通过指导、思考、审核等方式，来保证实习任务的质和量。通过学生接受、自选、报审、获批实习任务的过程，来锻炼学生沟通、表达等与人交流的能力，自主学习和解决问题的能力，培养诚实守信、团结协作、严谨务实的职业素养。通过学生融入师傅团队的方法，来解决实习顺利展开的难题——万事开头难。

我们将顶岗实习的基本任务与岗位职责进行对接，根据建筑施工现场专业人员职业标准的职责要求，将实习基本任务分为表1-1所列的七大类21项，作为各项实习训练和指导监管内容的基础单元。

实习基本任务表　　　　　　　　　　　　　　　　　　表1-1

（一）施工组织策划顶岗实习
1. 施工组织设计编制
2. 质量专项方案编制
3. 安全专项方案编制
（二）施工技术管理顶岗实习
1. 施工图阅读与校对
2. 技术交底编制和实施
3. 建筑施工测量
（三）施工进度成本管理顶岗实习
1. 施工段和施工顺序确定
2. 进度计划编制和调整
3. 班组任务下达和验收
（四）施工质量安全管理顶岗实习
1. 质量缺陷和危险源识别
2. 质量和安全管理点确定
3. 施工质量和安全检验

续表

（五）施工信息资料管理顶岗实习
1. 工程资料管理
2. 工程软件应用
3. 材料市场调研
（六）施工监理顶岗实习
1. 文件编制与资料核对
2. 见证取样与旁站施工
3. 合同管理和投资控制
（七）施工现场岗位体验
1. 施工现场管理组织体验
2. 施工现场主体关系体验
3. 实习单位行政管理体验

顶岗实习准备

　　顶岗实习刚开始，学生多会碰到初出校门面对社会的茫然和由学习吸收转向动手应用的不适应，以及防范建筑施工安全风险等问题。实习的准备工作就是让学生能在出校门前做好准备，沉着应对变化，也是顶岗实习顺利、有效的基础。它包括了"实习积极性和热情的调动"、"安全风险防范的技能准备"、"真实岗位环境适应的心理准备"、"顶岗实习基本教学要求的交底"等内容。

1.1.1　准备工作内容和要点

　　1. 实习动员：实习开始前，学校应进行实习动员，使学生明确顶岗实习目的，充分认识顶岗实习的重要性；冷静面对顶岗实习，做好必要的心理准备；了解顶岗实习的要求，以保证完成实习任务；强调在实习期间必须服从安排、接受指导，与带队老师、辅导员保持联系。实习动员可参照表1-2的内容和交底确认形式进行。

　　2. 安全教育：在学校学习的安全技术、管理课程的基础上，学校还应对学生开展实习安全专项教育工作。学校应安排学生学习《建筑施工安全技术统一规范》、《建筑施工从业人员安全知识》，发放《建筑安装工程施工技术操作规程》等安全培训学习资料。学生必须认真学习安全学习资料，接受指导老师的安全教育和交底，参加学校组织的安全知识考试，进入工地后还应接受实习项目安排的安全培训和交底。在校安全交底参见表1-3。

实习动员书

一、明确顶岗实习目的，充分认识其重要性

 1. 顶岗实习是专业教育中不可或缺的一个重要环节。

 2. 顶岗实习是由学校统一领导、组织和安排，必须按照学校规定的时间、方式和要求来参加并完成相应内容的。

 3. 顶岗实习是专业培养方案中规定的一门必修课程，只有取得及格以上成绩才能毕业。

二、以社会主义人生观、价值观来面对社会和岗位，做好积极的心理准备

 1. 正面理解社会，积极面对人生。

 2. 勇敢面对困难，主动迎接挑战。

 3. 尊师勤学好问，欣赏沟通协作。

 4. 冷静思考分析，吃苦耐劳行动。

 5. 选好师傅单位，完成就业过渡。

三、了解顶岗实习要求，确保完成实习任务

 1. 自觉遵守国家法律和法规，树立公民意识，遵守实习单位和学校的规章制度，不做有损实习单位和学校形象及声誉的事，禁止参加任何非法组织。

 2. 听从实习单位师傅和指导老师的安排，努力提高职业素养，培养独立工作能力，提高专业技能，完成各项工作任务。

 3. 严格按照单位要求确保生产安全、生活安全，杜绝任何人身和财产安全事故。

 4. 树立劳酬匹配的价值观。

 5. 加强自我管理。

 6. 学会学习、学以致用。

四、到岗后及时与辅导员、指导老师联系，按要求反馈信息

 充分利用现代网络手段，及时建立与学校的沟通平台，反馈实习情况、有关信息。建立与实习老师、辅导员的通信联系。

动员人：	学生：

顶岗实习安全交底

交底内容：

1. 我们完成了"建筑施工安全管理和安全技术"等相关安全课程的学习，掌握了《建筑施工安全技术统一规范》、《建筑施工从业人员安全知识》和《建筑安装工程施工技术操作规程》等相关知识和要求，在实习中必须严格按照安全要求操作，对不了解安全要求或状态的事项不得参与。

2. 进入现场必须按要求戴好安全帽，严格遵守施工现场安全生产的"六大纪律"、"十项安全措施"及安全生产操作规程。

3. 严禁靠近临空面，严禁攀登摇晃、不稳定的架体，严禁操作电气和机械设备，严禁在施工现场嬉戏追跑。

4. 有不安全因素出现时，第一时间向安全地带撤离，切忌犹豫张望。

5. 通过有危险因素的地带，务必"一停、二看、确认安全再通过"。

6. 发生意外受伤，务必到正规医院诊治、注射疫苗等。

7. 自觉遵守交通法规，注意外出交通安全。

8. 严禁参与打架、黄、赌、毒等事件。

9. 实习过程中必须严格遵守法律、法规、规范和相关制度，严禁一切违法、违规、违纪、违反标准的行为。

交底人：	被交底人：

3. 实习承诺：学生实习前应签订实习行为承诺书，见表1-4。针对学生实习行为中的基本要求，通过签署实习行为承诺书的形式进一步强化，要求学生行为自律，认真实习，取得成效。

实习行为承诺书

我承诺，离校实习期间：

1. 遵守法律法规、校纪校规和实习单位的规章制度，绝不参与打架、黄、赌、毒等事件。

2. 自觉遵守公共道德，维护学院的公共形象。

3. 服从实习单位、指导老师的工作安排；严格自律，按照规定、师傅指令和指导老师要求，认真完成各项实习任务。

4. 尊敬师长、吃苦耐劳、谦虚谨慎、勤奋好学，结识并与同事友好相处，有效沟通并寻求良好的合作。

5. 认真并经常学习建筑施工安全知识和交通安全法律法规，并严格遵守、执行。

6. 严格按照实习要求，按时完成各项实习资料的编写和汇报，在返校前应完成规定的顶岗实践内容，具备毕业实践答辩资格。

　　　　　　　　　　　　　　　　承诺人：（学生签名）

　　　　　　　　　　　　　　　　日　期：　　年　　月　　日

4. 实习报到：学生在接受学校的动员、教育、交底并通过安全考试等准备工作后，根据自主就业联系或学校统一安排的约定，准时到实习师傅处报到，接受实习指导师傅等的安排、交待，并主动问清实习正式到岗的时间、地点和工作内容，以及作息时间、公司规定和疑问求助方式等。

5. 熟悉融入：学生进入工地后，应尽快熟悉工地的位置、规模、场地和工程进展情况，结识周围的同事和各参建单位的工作人员，了解并收集顶岗项目的"工程概况"、编辑"个人信息"等资料，可参考表1-5"顶岗实习工地情况反馈表"，及时向带队老师反馈工地情况。主动做好办公室的后勤整理工作，将自己融入实习项目的管理团队。要在尽可能短的时间内了解自己师傅的优势、特质和有效的沟通方式，能与师傅建立有效的沟通联系和友谊，进而实现良好的帮带效果。

顶岗实习工地情况反馈表 表 1-5

学生姓名				班级			联系方式		
实习单位							资质等级		
实习单位师傅情况	姓名	性别	职务、职称			主要工作业绩			
	毕业学校、专业学历		电话						
工程名称					建筑面积			层数	
结构形式									
装　修									
参建单位情况	建设：					监理：			
	设计：					勘察：			
目前工程施工形象部位					实习结束预计形象部位				
实习工地详细地址									
住宿情况及地址									

学生对实习工地、实习任务的认识和描述：

学生家长意见：

联系电话：　　　　　　　　签名：　　　　　　　　　　　　　　　　年　月　日

实习单位意见：

签名：　　　　　　　　　　　　　　　　年　月　日

注：若非本专业实习，在"学生对实习工地、实习任务的认识和描述"中须经家长签字确认"已阅，同意"，并提供联系方式。

1.1.2　时间要求

1. 实习动员、安全交底和安全考试在实习离校前完成。
2. "工程概况"、"个人信息"一般在 5 天内（最长不超过 1 周）完成。
3. "师傅情况"一般在 10 天内（最长不超过 2 周）完成。

1.1.3　考核标准

1. 及格：安全考试及格。实习准备的各类资料均正确填写，确认完毕按时提交。
2. 良好：在及格的基础上，各类资料填写准确。
3. 优秀：在良好的基础上，企业资质、师傅个人和业绩资料等附件齐全，同步提交。

1.1.4　思考和拓展题

1. 用什么样的方式来观察、感受施工现场？
2. 实习项目的各参建单位之间是怎样的关系？
3. 以什么样的心态和交流方式与现场师傅、同事沟通效果比较好？

实习任务下达

由于顶岗实习是就业前最后一个教学环节，学生已完成必备的知识学习和专项能力训练，顶岗实习主要是完成实岗训练和体验。

实习任务的选择注重适当。要实现适当的效果，需要观察、了解、分析、思考，要有针对性的指导和明晰的要求，使任务定位准确、有的放矢。

实习任务选定后，在师傅交底建议、自己思考学习的基础上，结合指导老师对实习任务的评估指导，进一步做好工前准备，会自主学习、解决问题，且有助于把握实习任务的完成质量和工作量。

1.2.1 实习步骤和要点

1. 接受安排：学生在工地安顿下来后，要主动向师傅要求实习任务，并服从安排。在接受安排时，应问清任务的内容、要求和质量标准、安全注意事项，做好记录。

2. 自选任务：如果师傅没有安排具体工作，或在师傅安排的工作之外，学生应主动跟着师傅或同事，做好帮手。同时，结合实习任务量的要求，根据现场实际"进度部位"、自身的能力和精力，在师傅安排之外，对应形象进度部位和专项工作，参考表1-6"顶岗实习任务选择参考表"自选实习任务。我们将该"进度部位"的工程施工常见工作列为"推荐任务"，将可以结合工程资料回溯或进行模仿练习、辅助工作等内容列为"参考任务"。其中，推荐、参考任务栏中的编号为表1-1"实习基本任务表"中的任务序号。

顶岗实习任务选择参考表   表1-6

序号	进度部位（专项工作）	推 荐 任 务	参考任务
1	等待开工	（一），（二）1.2.，（三），（七）	（五）
2	开工准备	（一），（二）1.2.，（三）1.2.，（七）	（四），（五），（六）
3	打桩	（一），（二），（三）1.2.，（七）	（四），（五）
4	支护、挖土	（一），（二），（三），（四），（七）	（五）1.2.，（六）3.
5	基础	（一），（二），（三），（四），（七）	（五）1.2.，（六）3.
6	主体	（一），（二），（三），（四），（五）1.2.，（七）	（五）3.，（六）3.
7	装修、屋面	（一），（二）2.3.，（三），（五）1.2.，（七）	（二）1.，（四），（五）3.
8	竣工验收	（一），（二），（四）3.，（七）	（三），（五）1.2.
9	资料归档	（一），（四）1.，（五），（七）	（二）1.2.，（三）
10	监理员	（二）1.3.，（三）1.2.，（四）～（七）	（一）3.

3. 思考准备：在接受师傅安排、初选任务开展具体工作前，学生必须要去思考这项任务在工程中是干什么用的？如何完成任务？我想在这项任务中学到什么？应先查找相关的资料，认真学习，积极准备，并编写工作提纲。此步骤是准备工作的重点，也是实习效果好坏的关键。

4. 听取意见：提纲编制完成后，学生应主动找机会听取师傅对自己的任务理解、实施方法等准备工作的意见和建议，做好记录，整理成准确、简练的文字，并完善自己的工作提纲。

5. 任务编写：为规范学生实习、老师指导和学校管理，帮助企业的选人、育人，要求学生将师傅安排和自选的任务，参照表1-7"实习任务单"的格式填写。

6. 任务申报：学生将选好的实习任务及为完成任务所做的思考准备、师傅意见和工作提纲，连同顶岗项目情况一并报指导老师。

7. 任务监管：指导老师应针对学生申报的任务进行合理性审核，对实习的开展进行必要的指导、提示，对实习任务量不足或进度安排过于松散的提出改进意见或直接安排。

8. 任务下达：在通过任务评估后，指导老师在"实习任务单"上对任务实施提出必要的指导意见、建议和安全提醒，3天内以"实习任务单"的形式向学生下达实习任务。

1.2.2 实习要求

1. 在进行熟悉和调研过程中，要放低身段、当好帮手，细致观察、深入思考，懂得欣赏同事，学会交流协作，养成认真负责的工作习惯。

2. 在了解实习师傅和参建单位人员情况时，务必要讲究礼貌、尊敬师长，切忌贸然唐突。

3. 所选的实习任务应有较明确的事件、实施的步骤和标准要求，有递进式提高的重复机会，能形成实习任务过程和结论记录。

4. 我们选的任务不要影响现场工作，能成为现场工作的辅助更理想。

5. 学生进入工地后的第3～5天内，完成实习工地的熟悉和任务的调研，尽早将"实习任务单"上报指导老师。

6. 在师傅安排的任务外，自选实习任务每四周至少还需选一项，保证实习总体工作量。

7. 实习任务完成需补充新任务，或实施出现意外情况（一般只适用于客观原因变化，使任务无法完成），由学生将需补充（变更）的理由、准备情况，提前一周报指导老师。

8. 任务的确定应遵循"师傅安排优先"的原则。

9. 在接受任务时，应遵循"交底清楚、接受准确"的管理原则，确保任务内容问清、原理步骤搞懂、标准要求明晰。

10. 当师傅没有安排任务时，必须主动向师傅要求，或参考教材的任务表自选任务，决不能一味等待。

11. 对如何完成任务必须要进行学习和思考，在此基础上向师傅汇报，听取意见和要求，培养自主学习和解决问题的能力。

表1-7

实 习 任 务 单

班级		姓名		学号		指导老师		任务单编号	
任务概况	实习单位			实习师傅			工程名称		
	目前形象进度部位				任务期满计划进度部位				
	师傅要求摘要				思考准备				
实习任务	任务1：顶岗实习任务和起止时间				1. 任务在工程中的作用： 2. 如何去完成任务： 3. 打算学到什么： 4. 工作提纲：				
	任务2：				1. 任务在工程中的作用： 2. 如何去完成任务： 3. 打算学到什么： 4. 工作提纲：				
					指导老师评估意见（含补充、变更理由）、工作提纲				
指导提醒	任务1								
	任务2								

任务单鉴发：

年　月　日

1.2.3　考核标准

1. 及格：进现场 5 天内（自选任务提前 1 周）将"实习任务单"反馈指导老师；内容完整，基本正确；能有效沟通；工作量适当。

2. 良好：进现场 4 天内（自选任务提前 10 天）将"实习任务单"反馈指导老师；沟通效果好，内容完整，有基本的认识；师傅要求记录和准备内容、工作提纲完整、正确；工作量适当。

3. 优秀：进现场 3 天内（自选任务提前 15 天）将"实习任务单"反馈指导老师；沟通效果好，与师傅、同事关系融洽，内容完整、丰富，有独到认识和见解；师傅要求记录和准备内容完整、准确，工作提纲可行；任务选择合适，工作量适当。

1.2.4　思考和拓展题

1. 实习任务和所学课程有什么关联？

2. 如何提问？如何准确理解别人的指点？

3. 自主学习能力可通过什么方法来提高？

4. 如何将所听、所学用于工作？如何自我完善？

5. 如何提高解决问题的能力？

6. 执行力体现在哪些方面？如何提高？

顶岗实习考评

对顶岗实习应加强过程管理，弱化结果评价。遵循评价内容的灵活实用性、评价方法的科学多样性、评价结果的客观公正性等原则，建立顶岗实习考核评价体系，制定考评标准，以实习过程为主，实施顶岗实习考评。

1.3.1 考核评价体系和权重分配

顶岗实习考核评价由过程性考核和终结性考核组成（详见表1-8"考核评价体系及权重分配"）。过程性考核主要是及时反映学生学习中的情况，促使学生对学习的过程进行积极地反思和总结。学生带着任务（单元1中下达的任务），赴施工现场进行顶岗实习，通过过程性考核引导学生怎样在工作中学习、学习什么，并且考查学生在实习期间的表现和收获，它包括单项实习任务考核和实习日志完成情况。终结性考核是考查学生知识的综合运用能力、归纳总结能力、综合语言运用能力、文字表达能力等，考核方式为实践总结报告撰写、毕业答辩。

考核评价体系及权重分配 表1-8

类　　别	项　　目	权　　重	小　　计
过程性考核	实习任务	50	60
	实习日志	10	
终结性考核	实践总结	20	40
	毕业答辩	20	
合　　计		100	

过程性考核的具体要求和内容在各单元的"本子单元考核标准"中，可参照表1-9的封面格式，将实习任务记录、编制的表格、资料等作为内容，在自我评估合格、师傅对工作质量认定的前提下，报指导老师进行单项任务考核，并以指导老师认定的成绩为准。

终结性考核的"实习总结"中，按表1-10的封面格式，主要应反映以下内容：

1. 实习概况：

（1）实践者概况：学生姓名、学号，所在学校、院系、专业、班级，本人实习岗位和实习照片。

（2）实践时间：交底日～结束返校日，其中：

交底准备：_____年____月____日 ~ _____年____月____日

（第一个）工地：_____年____月____日 ~ _____年____月____日

（第二个）工地：_____年____月____日 ~ _____年____月____日

（第 N 个）工地：_____年____月____日 ~ _____年____月____日

中途返校：_____年____月____日 ~ _____年____月____日（如未归，说明理由）

结束返校：_____年____月____日

（3）实习工地概况：按照实习开始时的"顶岗实习工地情况反馈表"的内容来描述。

1）工程名称、工程地址、实习单位、建设单位、其他参建单位。

2）工程规模、用途、地质、基础、主体结构和主要装修情况。

3）实习起止形象进度部位从_____部位 ~ _____部位的变化。

4）描述与实习任务有关的项目特点，也可增加其他特别有感触的特点。

（4）主要的实习任务：按照下达的任务单的任务名称。

（5）指导老师姓名和实习师傅姓名、工作岗位等，能了解师傅的受教育背景、工作经历等更佳。

2. 实践内容：

（1）根据完成的实习任务单，逐项说明每项任务的名称、时间、目的（任务单的"思考准备"内容）、实践经历描述（可按照单项任务考核提交的内容描述）、任务完成的效果描述（自评、师傅评价和指导老师评价，能对每个单项任务实习收获做文字描述为更佳）。

（2）根据实习日记检查情况，将每次实习日志检查的时间、指导老师的考核等级进行汇总描述。

（3）描述在实习中对材料、设备、技术、工艺和管理等的认识理解，尤其是新成果的应用，包括自己看到的内容和师傅、同事、指导老师介绍的内容。

（4）对其他特别有感触的人、物或事进行描述。

3. 问题探析：

（1）描述实习工地亲历（首选实习任务的经历）的质量通病的现象、分析原因、确定的处理方法和预防措施，也可增加其他特别有感触的质量通病事例。

（2）描述实习工地亲历（首选实习任务的经历）的危险源、分析风险、制定防控措施也可增加绿色工地的管理和其他特别有感触安全生产、场容场貌等管理内容。

（3）对实习岗位的优缺点逐条进行分析，针对现状描述自己的融入、完善计划。

（4）对单位和社会优缺点的认识，描绘自己承前启后的职业人生规划或建议。

4. 收获认识、总结规划：

（1）针对"实习内容"，总结完成实习的成败之处、原因和收获。

（2）针对"问题探析"，总结自己学习应用能力和行业社会现状，以及自己对工作、岗位、行业和社会的职业规划和奋斗方向。

单项实习任务考核用表 表1-9

任务起止时间：_____年____月____日 ～ ____月____日　　任务单编号____（总____号）

实习任务名称：_____（按任务单下达的任务名称填写）_____

单项任务考核表

编 制 人：_____ 学 号：_____

实习师傅：_____ 指导老师：_____

评 估：

自 评：优秀（良好或合格）_____

实习师傅：优秀（良好、合格或不合格）

指导老师：优秀（良好、合格或不合格）

实习总结考核用表 表 1-10

实

习

总

结

编 制 人：＿＿＿＿＿＿ 学 号：＿＿＿＿＿＿

实习师傅：＿＿＿＿＿＿ 指导老师：＿＿＿＿＿＿

评 估：

    自 评：<u>优秀（良好或合格）</u>

    实习师傅：<u>优秀（良好、合格或不合格）</u>

    指导老师：<u>优秀（良好、合格或不合格）</u>

411

1.3.2 实习考核评价标准

1. "实习任务"完成情况考核等级标准见各单元中的"本子单元考核标准"。

2. "实习日志"每月检查不少于一次，按以下标准确定等级，并在监理日志中记录每次检查的考核等级：

（1）及格：记录完整，内容真实。

（2）良好：在及格的基础上，内容全面，能反映实践情况。

（3）优秀：在良好的基础上，内容详实，能完整清晰反映实践情况。

3. 其他各项考核项目评价标准和各考核项目得分标准见表 1-11。

考核项目评价标准   表 1-11

考核项目	评 价 标 准		分 值
实习任务	任务量（满足本单元 1.2.2 中第 6 条任务量要求为满分，不足一项扣 5 分）		15
	100% 任务均优秀	不计不合格项次	33~35
	50% 以上任务优秀 + 其他任务均及格以上		30~32
	50% 以上任务良好以上 + 其他任务均及格		25~29
	及格以上		20~24
	一次不及格在相应分值中减 10 分		
实习日志	100% 任务均优秀	不计不合格项次	10
	50% 以上任务优秀 + 其他任务均及格以上		8
	50% 以上任务良好以上 + 其他任务均及格		6
	及格以上		4
	一次不及格在相应分值中减 2 分		
实践总结	能正确地运用专业基础理论知识，系统深入、重点突出地阐明自己的收获，专题分析思路清晰，文理顺通达意，技术合理，符合国家规范，有一定的独创性		20
	能正确地运用专业理论知识，能全面地反映自己实践收获，专题分析思路清晰，文理顺通达意，无原则性错误		17
	基本能够运用专业基础理论知识，能全面反映自己实践收获，专题分析内容基本完整，技术合理，无重大错误		14
	基本能够运用专业基础理论知识，能反映自己实践收获，专题分析内容基本完整，但不够合理，原则性错误仅出现在个别地方，非原则性错误较少		12
	不会运用学过的专业理论知识，实践收获表达不清，专题分析内容不理想，多处出现严重错误，或出现抄袭现象		8 以下

考核项目	评　价　标　准	分　值
	回答问题全面正确，有独立见解（允许很少的非原则性缺点）	20
	回答问题正确，有个别地方不够全面，但无原则性错误	17
毕业答辩	能正确回答大部分问题，个别问题无法回答，或有原则性错误	14
	能部分回答问题，其他问题经启发后能回答正确	12
	答非所问，有原则性错误，经启发后仍不能回答问题	8 以下

1.3.3　考评汇总

学生在实习完成回校前，应将所有实习任务完成情况、实习日记、实习总结等整理完毕，并提交实习指导老师。指导老师应及时批阅、统计，在学生实习答辩前，可参照表1-12将各项考评分值登记到学生"顶岗实习考评汇总表"，在答辩完成、登记完成绩后，将分值汇总得出学生顶岗实习总评成绩。

顶岗实习考评汇总表　　　　　　　　表 1-12

考评类别	考评项目	考评记录		标准分值		实际得分
过程性考核	实习任务	任务数量：　项，不足　项		15	50	
		优秀：　　　次		35		
		良好：　　　次				
		及格：　　　次				
		不及格：　　次				
	实习日记	优秀：　　　次		10		
		良好：　　　次				
		及格：　　　次				
		不及格：　　次				
终结性考核	毕业答辩	实践总结		20	20	
		（答辩老师 1 提问记录）		$20/n$		
		（答辩老师 2 提问记录）		$20/n$		
				$20/n$		
		（答辩老师 n 提问记录）		$20/n$		
总评成绩（合计）				100		
指导老师确认						

师 傅 说

1. 实习过程中需要做到的重点工作是很好地去了解施工工作的开展过程，各个过程需要注意的点是什么，了解施工过程中的各个关键点，如何去发现施工过程中的问题，这些要慢慢去积累；要注意细节、仔细观察、及时询问不懂的地方，多去听师傅们讲解有用的技巧。有些事情书本上可能是学不到的，需要自己亲身参与实践，经过思考后才能体会到。

2. 每一项工作可能都是为了下一项工作做准备铺垫，所以要有总结的习惯，把每一个工作所了解到的内容及知识一个个串起来形成一个整体，这样才能有一个更高的高度去了解建筑施工的全过程。

3. 实习过程中态度必须认真、积极上进，同时又谦虚做人、勤奋做事，交办的事情要按时完成。做事就要坚持，再苦再累再烦琐，也要把它做好。态度决定一切，只要态度好、肯学，进步还是挺快的。

4. 注意工作中的心态，要尽量开心每一天，要为了乐趣而工作，一个好的心态自然会有好的表现，同时也能学到的更多的知识。要锻炼与人交际的能力，这对于将来尽快适应社会生活很有必要。而且不管在哪种单位实习，都应该把它当作是最重要的单位。

施工组织策划顶岗实习

知识目标：

1. 掌握施工组织设计、质量专项方案、安全专项方案的内容和表达方式。
2. 熟悉施工策划的方法。
3. 了解策划的作用和含义。

技能目标：

1. 能根据建设依据和工程实际要求编制一般房屋建筑工程施工组织设计、质量专项方案、安全专项方案。
2. 能按照策划实施并根据实际情况进行调整。

施工组织策划主要指施工组织设计、（质量和安全）专项施工方案的编制，通常是由项目经理负责组织，技术负责人实施编制，施工员等参与编制。编制完成后应经企业技术部门及技术负责人审批后，报总监理工程师批准后实施。

施工组织设计编制

施工组织设计是用来指导施工项目全过程各项活动的技术、经济和组织的综合性文件，是施工技术与施工项目管理有机结合的产物，它能保证工程开工后施工活动有序、高效、科学合理地进行。一般包括五项基本内容：工程概况、施工部署及施工方案、施工进度计划、施工平面图、主要技术经济指标。

施工组织设计的繁简，一般要根据工程规模大小、结构特点、技术复杂程度和施工条件的不同而定，以满足不同的实际需要。复杂和特殊工程的施工组织设计需较详尽，小型建设项目或具有较丰富施工经验的工程则可较简略。

单位工程的施工组织设计是为具体指导施工服务的，要具体明确，要解决好各工序、各工种之间的衔接配合，合理组织平行、流水和交叉作业，以提高施工效率。施工条件发生变化时，施工组织设计须及时修改和补充，以便继续执行。施工组织设计的内容要结合工程对象的实际特点、施工条件和技术水平进行综合考虑。

2.1.1 实习步骤和要点

过程一：收集资料、对照学习

1. 在实习工程现场收集"项目施工组织设计"或投标文件中的"技术标（施工组织设计）"、设计文件、地勘报告，承包合同、商务标书（工程量清单）等技术资料，认真研读，了解实习工程的施工组织设计的编写内容和表达方式。

2. 重温施工组织与管理课程，在网上或实习企业查找相关施工组织设计的样本资料、项目管理规范等，从"施工组织设计"的格式、目录到内容分类和表达深度，进一步对照学习。

3. 对照在学校所学的施工组织设计编制方法和要求，找出差异和问题，分析、思考是编制错误、还是理解不到位。

过程二：跟踪模仿、学习理解

1. 跟随师傅参与施工组织设计的编制工作，了解师傅编制的工作顺序、依据资料、利用工具（软件）等。

2. 结合样本，模仿师傅的做法，尝试自己动手编写部分内容。

3. 将自己在编制中碰到的困难，对照学习中无法理解或解决的问题，向指导老师、实习师傅请教，寻求解答，加深理解。

过程三：自主编制"施工组织设计"

自主编制"施工组织设计"时，可参照表2-1～表2-11的内容和格式来逐步完成。

1. 参照表2-1填写"施工组织设计"封面。

2. 阅读现场技术资料,参考表2-2的内容,从资料中找出"工程名称、地址、面积、层数、等级、造价、工期、各参建单位"等建设概况,"地基基础、主体、装饰、屋面、安装、消防、人防"等设计概况,以及"水文地质、周边环境、三通一平"等环境条件,进行工程施工特点分析。然后到现场工程概况牌、实际工作中去查找、对照,向师傅、同事等询问,获取相关信息后进行完善。

3. 参考表2-3～表2-11中条目的提示要求,编制"准备工作计划"、"施工机械及周转材料选用"、"原材料、半成品、成品、预制构件选用和进场计划"、"施工方案"、"劳动组织计划"、"施工总进度计划"和"施工总平面图"等。

4. 自主编写时,可以通过观察、询问已完工作和类似工程发生的问题、与目标的偏差,以及采取的解决方法和措施,分析、思考原因和理由,把它转化为自编组织设计的保证措施。认为是本工程特殊要求,或有个人理解的特点,或需要增加说明的内容,也可填入"其他"项中。

5. "施工机械"主要填写施工电梯、塔吊、物料提升机、钢筋现场加工机械、木工加工机械、混凝土搅拌机等,有桩基础的还有桩机;"周转材料"主要填写钢管、扣件、上料平台、模板、脚手板、安全网等。"原材料、成品、半成品"主要填写用于本工程施工的钢筋、混凝土、水泥、砂、石、防水材料,主要装修材料和安装材料设备等,从图纸、标书中找出型号、规格和数量。引用内容的出处,在"备注"中说明引用的图纸、招标文件、合同、规范、参考书或实习工程已有的文本内容等;"自编、调整记录"中记录编制中的说明内容及对应的理由、计算过程,借鉴、摘录实习工程已有文本内容的,应结合现场的实际情况,记录调整内容及对应理由等。

6. 施工阶段劳动组织及总进度计划可根据土方及基础工程、主体工程、屋面工程、装饰装修工程的分部形式进行编制。前期需编制的方案主要有:测量放线方案、桩基方案及临时用电、安全防护等安全专项方案。

7. 场地布置图至少画"基础阶段"、"主体装饰阶段"两幅,鼓励将主体、装饰阶段分开。

"施工组织设计"封面 表2-1

_____工程

施 工 组 织 设 计

编 制 人：_____ 学 号：_____

实习师傅：_____ 指导老师：_____

工程概况表 表2-2

建设概况	工程名称			建设地点		
	建设单位			设计单位		
	监理单位			施工单位		
	勘察单位			总造价		总工期
	总建筑面积		地上面积		地下面积	
	建筑总高		地下层数		地上层数	
	基础类型等级		结构类型等级		抗震等级	
	人防等级					
设计特征	地基基础					
	主体结构					
	装饰装修					
	屋面					
	保温节能					
	安装、设备					
	消防					
	人防					
技术经济指标	单方造价	土建		钢筋用量		模板
		安装		水泥用量		钢管
特点分析						
其他						

准备工作计划表   表2-3

序号	项 目	内 容 简 介	负责人	起始时间	完成时间
一	人力准备	管理机构			
		班组			
二	管理	职责、流程、制度			
三	技术准备	图纸会审			
		方案编制			
		培训、交底			
四	现场准备	平整场地			
		施工道路			
		施工用水			
		施工用电			
		临时房、标识和围墙设置			
五	物资准备	材料、机具进场			
		加工订货和设备落实			
六	手续准备	质监			
		安监			
		施工许可			
七	其他				

施工机械及周转材料选用表 表2-4

序号	机械/材料名称	规格型号	数量	拟用部位	备注

编制调整记录	编制或调整内容的说明	理　由

预制构件、原材料、成品、半成品计划表   表2-5

序号	构件/材料名称	规格型号	生产厂家	数量	拟用部位	备注

编制调整记录	编制或调整内容的说明		理　由

施 工 方 案 表 2-6

_____工程专项方案
环境特点:
施工工序及施工段的划分:
施工要点:
技术要求:
质量标准:
质量、安全通病防治措施:
编制或调整内容和理由:

各施工阶段劳动组织 表2-7

序号 施工段 劳动力 时间											计划与实际的差异分析

编制或调整内容和理由:

施工总进度计划   表2-8

序号	日期 分部分项工程								计划与实际的差异分析
编制或调整内容和理由：									

施工总平面图布置　　　　　　　　　　　　　表 2-9

施工总平面布置图

工程质量技术措施表

表 2-10

（一）轴线和标高控制措施（平面控制点和水准基点的设置；多层建筑的轴线、标高控制措施）

（二）基槽保护措施（防止槽底扰动、浸泡、塌方）

（三）构件运输、堆放措施

（四）冬、夏、雨期施工措施

（五）防水工程施工技术措施（混凝土自防水、卷材防水、刚性抹面防水）

（六）混凝土早强减水措施

（七）构件焊接措施

（八）新构件、材料技术措施

（九）关键部位质量保证措施

编制或调整内容和理由：

安全技术措施实施计划表　　　　　　　　　　　　　　　表2-11

（一）安全教育
（二）文明施工
（三）安全标识、标语
（四）脚手架
（五）"三宝"、"四口"、临边防护
（六）大型起重机械
（七）临时用电
（八）施工机具
（九）消防措施
（十）夜间施工
编制或调整内容和理由：

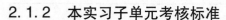
2.1.2　本实习子单元考核标准

1. 及格：查找、阅读实习项目的施工组织设计文本，掌握编制的内容和方法，能按照规定格式摘录完整、基本正确。

2. 良好：在及格的基础上，结合实习工程实际，询问实习师傅，对实习项目的施工组织设计提出的个人理解基本正确，并能在实习中发现施工组织设计实施的偏差，进行分析，提出修改调整意见。

3. 优秀：在良好的基础上，对顶岗工程施工组织设计理解正确，对偏差基本能正确鉴别、分析，提出较科学合理的修改调整意见，结合实习实际工程情况和已学的知识、收集的参考资料，能自主编制。

2.1.3　思考和拓展题

1. 施工组织设计在工程中实际起到了什么作用？

2. 施工组织设计为什么要做严格的编、审、批规定？

3. 你在独立编制过程中和完成后的感受如何？以后会怎么编制？

质量专项方案编制

在建设工程施工项目质量管理中，施工方案的正确与否，是直接影响施工质量的关键所在。对建设项目中工程量大、施工难度高，并对整个建设项目的完成起关键作用的、甚至会影响全局的关键单项工程，需事先进行必要的技术和资源准备，选择兼顾工程需要和施工效能的施工机械，确定合理的施工工序，采取工艺先进和经济合理的施工方法。通过技术、组织、经济、管理等方面进行全面分析、综合考虑，科学、合理地编制专项施工方案，经过分析比较，选择最佳的施工方案。表 2-12 为常用的质量专项方案。

质量专项方案名录表 表 2-12

1	桩基工程专项方案
2	大体积混凝土工程专项方案
3	柱核心区不同强度混凝土施工专项方案
4	主体工程专项方案
5	防水工程专项方案
6	保温节能工程专项方案
7	幕墙工程专项方案
8	其他专项方案

编制施工方案的目的是提高质量、加快工期、降低成本、提高项目施工的经济效益与社会效益，也就是说，在施工过程中，对人力与物力、主体与辅助、供应与消耗、生产与储存、专业与协作、使用与维修、空间布置与时间安排等方面进行科学、合理地部署，为建筑产品生产的节奏性、均衡性和连续性提供最优方案，作为建设工程项目施工质量管理的指南。

2.2.1 实习步骤和要点

过程一：收集资料、对照学习

1. 在实习工程现场收集土方、结构、装饰、防水、保温"施工质量专项方案"，或投标文件中的"技术标"，以及设计文件、地勘报告等技术资料，认真研读，了解实习工程的相关专项方案的编写内容和表达方式。

2. 重温施工技术课程，在网上或实习企业查找相关施工专项方案的样本资料、施工及验收规范等，进一步深化学习。

3. 对照在学校所学习并练习编写的土方、结构、装饰、防水、保温等施工专项方案的编制

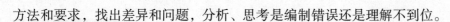

方法和要求，找出差异和问题，分析、思考是编制错误还是理解不到位。

过程二：跟踪模仿、学习理解

1. 跟随师傅参与施工专项方案的编制工作，了解师傅编制的工作顺序、依据资料、所使用的工具（软件）等。

2. 结合样本，模仿师傅的做法，尝试自己动手编写部分内容。

3. 将自己在编制中碰到的困难，对照学习中无法理解或解决的问题，向指导老师、实习师傅请教，寻求解答，加深理解。

过程三：自主编制"专项方案"

1. 参照表 2-13 编制"质量专项方案"封面后，熟悉项目建设基本概况，认真阅读现场设计图纸、地勘报告、技术资料等，参照表 2-14 的提示，从资料中找出各类专项方案的相应工程概况，并结合工程实际进行完善。

"质量专项方案"封面 表2-13

_____工程

质

量

专

项

方

案

编 制 人：_____ 学 号：_____

实习师傅：_____ 指导老师：_____

"质量专项方案"工程概况提示　　　　　　　　　　　　　　　　　表 2-14

方案类型	工 程 概 况
土方工程	应包含设计要求，如基坑位置、基坑尺寸、基坑深度、设计持力层、基础形式等；地质勘察报告，如地形、地下水位、流向、土层分布情况、土的力学指标等；环境条件，如气象及现场交通运输、周围环境及相邻建（构）筑物等条件，还有地下地上的障碍物等情况
桩基工程	应包含设计要求，如桩基类型及数量、设计桩径与桩长、单桩承载力等；地质勘察报告，如地形，地下水位、流向，土层分布情况，土的力学指标等；施工现场的作业条件、打桩机械设备及数量等
主体工程	应包含设计要求，如建筑结构类型，建筑物或构筑物的尺寸、总高及层高，悬挑等特殊部位的尺寸等；施工的作业条件，如混凝土的浇筑、运输方法和环境等
防水工程	应包含设计要求，如防水等级、各部位防水构造要求及做法、防水材料等；地下水位及流向；现场施工的作业条件和环境等
保温节能工程	应包含建筑节能设计专篇与节能计算书，节能保温构造做法，所用保温材料等

2. 参考表 2-15 条目的提示要求，编制"施工工序的划分"、"施工要点"、"技术要求"、"质量标准"和"质量、安全通病防治措施"等。

3. 自主编写时，可以通过观察、询问或摘编已完工作和类似工程发生的问题、与目标的偏差，以及采取的解决方法和措施等内容，分析、思考原因和理由，把它转化为自编专项方案的保证措施。认为是本工程特殊要求，或有个人理解的特点，或需要说明的调整理由等内容，填入"编制或调整内容及理由"。

4. "施工工序的划分"主要填写专项施工段划分情况，专项工程的施工工序及步骤。

5. "施工要点"主要填写每道施工工序中的具体施工方法及要求。

6. "技术要求"主要填写在施工过程中需要注意的技术问题或是设计、施工及验收规范中明确的相关技术要求，并尽可能定量描述。

7. "质量标准"主要填写与该专项相关的施工质量验收标准内容。

8. "质量、安全通病及防治措施"主要填写专项工程施工过程中存在的一些质量与安全方面的通病，应采取的相关防治措施。

2.2.2　本实习子单元考核标准

1. 及格：查找、阅读实习项目的质量专项方案文本，掌握编制的内容和方法，能按照规定格式摘录完整、基本正确。

2. 良好：在及格的基础上，结合实习工程实际，询问实习师傅，对实习项目的专项方案提出的个人理解基本正确，并能在实习中发现专项方案实施的偏差，进行分析，提出修改调整意见。

"质量专项方案"基本格式　　　　　　　　表2-15

_____工程专项方案
施工环境及特点分析：
施工工序的划分：
施工要点：
技术要求：
质量标准：
质量、安全通病防治措施：
编制或调整内容及理由：

3. 优秀：在及格的基础上，理解正确，对偏差基本能正确鉴别、分析，提出较科学合理的修改调整意见，结合实习工程实际情况和已学的知识、收集的参考资料，能自主编制。

2.2.3 思考和拓展题

1. 根据什么来确定质量专项方案的类型？

2. 施工专项方案的基本内容有哪几部分？

3. 特点分析有什么作用？

安全专项方案编制

建设工程安全专项方案是指施工单位对达到一定规模的危险性较大的分部分项工程所编制的专项施工方案，也是对施工组织设计中编制的安全技术措施和施工现场临时用电方案，根据项目特点给予细化和具体，并附具安全验算结果，是该类分部分项工程实施的指导和依据。安全专项方案由项目技术负责人组织编制，经施工单位技术负责人审核、企业法人批准、总监理工程师审核后实施，由专职安全生产管理人员进行现场监督。对超过一定规模的危险性较大的分部分项工程专项方案，应当由施工单位组织召开专家论证会。

《建设工程安全生产管理条例》所规定的"达到一定规模的危险性较大的分部分项工程"包含：基坑支护与降水工程、土方开挖工程、模板工程、起重吊装工程、脚手架工程、拆除、爆破工程、国务院建设行政主管部门或者其他有关部门规定的其他危险性较大的工程。以上这些分部分项工程均需单独编制安全专项方案。

安全专项方案是为具体指导分部分项工程施工服务的，应满足安全第一、预防为主的原则和具有针对性、可行性、及时性的要求。

安全专项方案编制内容一般应包含：工程概况、编制依据、施工计划、施工工艺技术、施工安全保证措施、劳动力计划、计算书及相关图纸等。

2.3.1　实习步骤和要点

过程一：收集资料、对照学习

1. 在实习工程现场收集"安全专项方案"（基坑支护和降水、土方开挖、模板安装和拆除、脚手架搭设和拆除、塔吊和物料提升机搭设和拆除、临时用电、起重吊装等专项方案）、项目施工组织设计、设计文件、地勘报告等技术资料，认真研读，了解实习工程的安全专项方案的编写内容和表达方式。

2. 重温施工组织与管理课程，在网上或实习企业查找相关安全专项方案的样本资料、相应的安全文明施工规范等，进一步对照学习。

3. 对照在学校所学的安全专项方案编制方法和要求，找出差异和问题，分析、思考是编制错误还是理解不到位。

（1）编制依据的差异：规范的版本是否已经更新，不同地区现行安全生产、文明施工的文件规定，不同公司管理制度规定。

（2）工程概况的差异：各种设计参数，比如地基土类型、地基承载力、风荷载标准值、风荷载体型系数等。

（3）监测措施的差异：监测仪器设备的规格、数量、精度，监测预警值。

（4）计算书的差异：比较计算项目有哪些相同之处和不同之处。

（5）利用工具（软件）的差异。

过程二：跟踪模仿、学习理解

1. 跟随师傅参与安全专项方案的编制工作，了解师傅编制的工作顺序、依据资料、利用工具（软件等）。观摩师傅是如何依据已有的安全专项方案或者模板来编制新项目方案的。观摩参数的设定，哪些参数是因工程项目而异，必须做出修改的，修改的依据又是什么，通过查什么资料或规范获取；哪些内容是相同的，可以不需要修改直接套用。在计算书的编制过程中，关注计算的种类，比如构件的强度、刚度、稳定性，抗滑力，地基承载力等。首先明确计算书由哪些部分组成，搭好框架，然后再关注具体计算是如何进行的。

2. 结合样本，模仿师傅的做法，尝试自己动手编写部分内容。

3. 将自己在编制中碰到的困难，对照学习中无法理解或解决问题，向指导老师、实习师傅请教，寻求解答，加深理解。

过程三：自主编制"安全专项方案"

1. 根据所搜集的项目相关资料，针对工程特点、施工现场环境、施工方法、劳动组织、作业方法、使用的机械、动力设备、变配电设施、架设工具等明确必须采取的安全措施。针对实际的条件和所投入的资源，说明切实可行的措施和方法，切实保证施工安全，并具有可操作性。"安全专项方案"可参照表 2-16～表 2-24 进行自主编制。

“安全专项方案”封面 表2-16

_____工程

安 全 专 项 方 案

编 制 人：_____ 学 号：_____

实习师傅：_____ 指导老师：_____

"安全专项方案" 编制依据表　　　　　　　　　　表 2-17

国家、行业及地方标准	
设计文件	
合同文件	
企业安全管理制度	
计算软件	
施工组织设计	

"安全专项方案"工程概况表 表2-18

建设概况	工程名称				建设地点			
	建设单位				设计单位			
	监理单位				施工单位			
	勘察单位				总造价		总工期	
	总建筑面积		地上面积			地下面积		
	建筑总高		地下层数			地上层数		
	层高		基础类型等级			结构类型等级		
	抗震等级		人防等级					
设计特征	地基基础							
	主体结构							
	装饰装修							
地质状况								
周边环境								
其他								

"安全专项方案"材料设备计划表   表2-19

序号	设备/材料名称	规格型号	数量	进场时间	备注

编制调整记录	编制或调整内容				理　由

"安全专项方案"施工工艺技术表 表 2-20

技术参数	
工艺流程	
施工方法	
检查验收	
编制调整记录	编制或调整内容 / 理 由

"安全专项方案"施工安全保证措施表　　　　　　　表 2-21

组织保障	
技术措施	
危险源分析及应急处理	
监测监控	

	编制或调整内容	理　由
编制调整记录		

"安全专项方案"劳动力计划表 　　　　　表 2-22

工种级别	按工程施工阶段投入劳动力情况				

编制调整记录	编制或调整内容	理　由

"安全专项方案"计算书   表 2-23

计算参数:
计算种类:
计算模型简图:
验算结果:
编制或调整内容及理由:

"安全专项方案"施工图 表 2-24

平面图	
剖面图	
立面图	
节点详图	
配筋图	

2. "编制依据"中应简述安全专项施工方案的编制目的和方案编制所依据的相关法律、法规、规范性文件、标准、规范及图纸（国标图集）、施工组织设计等，以及编制依据的版本、编号等，应取用现行版本。采用电算软件的，应说明方案计算使用的软件名称、版本。"编制依据"包括：

（1）合同文件。

（2）设计文件：图纸、图纸会审、设计变更等。如为基坑支护等地下工程、塔吊和物料提升机搭设和拆除工程，还应包括地质勘察报告等资料。

（3）国家和地方有关安全生产、劳动及环境保护、消防安全等的法律、法规和安全技术标准、规范和规程规定。

（4）企业的安全管理规章制度，工程项目施工组织设计。

（5）公司各种管理制度及管理体系文件。

3. 工程概况包括：

（1）项目名称和参建单位。

（2）介绍施工范围内建筑、结构等概况及设计要求。

（3）工期、质量、安全、环境等合同要求。

（4）介绍与本工程相关的施工条件。

（5）危险源分析。

考虑到各安全专项方案侧重点的不同，本部分编制内容除以上五项外，还应包含表2-25所提示的内容。

"安全专项方案"工程概况提示   表2-25

方案类型	工程概况
基坑支护与降水及土方工程	应包含设计要求，如基坑位置、基坑尺寸、基坑深度、设计持力层、基础形式等；地质勘察报告，如地形、地下水位、流向、土层分布情况、土的力学指标等；环境条件，如气象及现场交通运输、周围环境及相邻建（构）筑物等条件，还有地下地上的障碍物等情况
模板安装和拆除工程	应包含设计要求，如建筑结构类型、建（构）筑物尺寸、总高及层高，结构及构件的截面尺寸，房屋的开间、进深、悬挑等特殊部位的尺寸等；地基土质情况、地基承载力；施工的作业条件、混凝土的浇筑、运输方法和环境等
脚手架搭设和拆除工程	应包含设计要求，如建筑结构类型、建（构）筑物尺寸、总高及层高、悬挑等特殊部位的尺寸等；地基土质情况、地基承载力；施工的作业条件、混凝土的浇筑、运输方法和环境等
塔吊和物料提升机搭设和拆除工程	应包含设计要求，如建筑结构类型、建（构）筑物尺寸、总高及层高、采用垂直运输机具的类型及产品说明书中的技术性能和指标等；现场施工的作业条件和环境，架体基础的地基土承载力等
临时用电工程	应包含建筑结构类型、建（构）筑物尺寸、建筑物周边环境、施工作业场的位置、现场拟投入的用电机具的型号数量等

续表

方案类型	工程概况
起重吊装工程	应包含设计要求，如建筑结构类型、建（构）筑物尺寸、总高及层高、结构及构件的截面尺寸以及起重吊装的结构构件或设备的大小尺寸、重量等；施工的作业条件、现场的道路状况和环境、作业路面的地基土承载力等

4. 表2-19"材料设备计划表"应填写某一安全专项方案中所涉及的各种材料和机具设备，在"备注"中说明引用的图纸、招标文件、合同、规范、参考书等；自编或调整内容的理由。

5. 表2-20"施工工艺技术表"中的"技术参数"应填写完整，并保证与计算参数一一对应。

6. 监测、监控的内容应按照表2-26的内容要求进行编制。

"安全专项方案"监测、监控内容提示　　　　　　表2-26

安全专项方案	监测、监控内容
基坑支护与降水、模板、脚手架工程	监测目的、项目、监测报警值、监测方法及精度要求、监测点的布置、监测周期、工序管理和记录制度及信息反馈系统等
起重吊装工程	设置警戒区、监测点、警戒标志及专人负责警戒等
临时用电工程	对用电设备及线路，设置警告标志及专人巡视维护检查等
垂直运输机具（塔吊、物料提升机等）的安、拆工程	设置警戒区、监测点、警戒标志及专人负责警戒等

7. 危险源分析的具体内容详见单元5子单元1。

8. 安全技术措施的验算可参照表2-27操作指导进行。

"安全专项方案"验算操作指导　　　　　　表2-27

安全专项方案	验算的步骤	计算参数取用	计算模型取用
模板安、拆工程	计算参数取用→模板计算→支撑方木计算→支撑钢管计算（对拉螺栓计算）→扣件抗滑移计算→立杆稳定性计算	取用最大尺寸构件的相关参数	面板、支撑方木和支撑钢管按多跨连续梁计算；立杆按受压构件计算；对拉螺栓按轴心受拉构件计算
脚手架工程	计算参数取用→大横杆计算→小横杆计算→扣件抗滑移计算→立杆稳定性计算→连墙件计算→悬挑梁计算	双排脚手架常用步距1.8m，纵距1.5m，横距1.05m	大横杆按承受均布荷载的多跨连续梁计算；小横杆按承受集中和均布的单跨简支梁计算；立杆按轴心受压构件计算

续表

安全专项方案	验算的步骤	计算参数取用	计算模型取用
塔吊安、拆工程	计算参数取用→承台内力计算→承台抗冲切验算→承台抗剪切验算→承台抗弯验算→桩承载力验算	基础以四桩承台为多，桩型多用钻孔灌注桩，承台厚度多1m以上	桩顶压力按对角线起吊重物为最不利状态计算；承台和桩体验算同桩基础计算

2.3.2　本实习子单元考核标准

1. 及格：查找、阅读实习项目的安全专项方案文本，掌握编制的内容和方法，能按照规定格式摘录完整、基本正确。

2. 良好：在及格的基础上，结合实习工程实际，询问实习师傅，对实习项目的施工组织设计提出的个人理解基本正确，并能在实习中发现安全专项方案实施的偏差、进行分析、提出修改调整意见。

3. 优秀：在良好的基础上，能提出较科学合理的调整意见；结合实习工程实际情况和已学的知识、收集的参考资料，能自主编制。

2.3.3　思考和拓展题

1. 安全专项方案与施工组织设计的关系是什么？在工程中实际有什么作用？

2. 编制方案的重点是什么？为什么安全专项方案更应强调的是针对性？

3. 安全专项方案编、审、批的程序是什么？什么情况下需经专家论证？

师　傅　说

1. 每个公司大多有标准文本（范本），因此，关键是看透图纸，摸透工程的水文、地质和环境条件情况，针对自己施工队伍的实际状况和总体思路，一一对应在范本中选编，再进行针对性、适用性和可行性完善，针对性和可行性是最难的。

2. 要了解法规规定、强制性条文规定和规范要求，保证规定要编的方案及时编制，内容在达标的前提下有针对性、经济合理、可操作。

3. 施工方案中，不管是质量还是安全的做法，都应该重视性价比，施工讲的是花最少的钱、做好的东西，尤其在工地文明标化效果和场地美化方面。

4. 进度计划要学会做网络计划，这样对主导工序的分析等都能有比较好的效果。

施工技术管理顶岗实习

知识目标：

1. 掌握施工图绘制、识读的基本知识，熟悉建筑构造、建筑结构和建筑设备的基本知识。

2. 掌握强制性条文规定，熟悉工程施工工艺和方法，了解交底的分类、内容、要求和作用。

3. 掌握常用测量仪器的操作和使用方法。

技能目标：

1. 能识读施工图和其他工程设计、施工等文件，能进行钢筋、模板、装饰等一般翻样，能进行施工图各专业工种之间的校对，能参与施工图会审。

2. 能编写技术交底文件，并实施技术交底。

3. 具备建筑施工测量的能力。

施工技术管理主要包括图纸会审、技术核定、技术交底、技术复核、测量放线等工作。其中图纸会审、技术交底多由项目技术负责人负责，施工员等参与并实施；测量放线工作由施工员负责指导支持，由放线工负责实施（也可由施工员自主负责实施），放线完成后由施工员、质检员等进行复测审核。

施工图阅读校对

施工图阅读校对是施工图自审、会审的基础。施工图自审是指各参建单位（建设单位、监理单位、施工单位）在收到施工图设计文件后，对图纸进行全面细致地熟悉和学习后，从各自的角度提出完善建议。施工图会审是指由建设单位（或者其授权人）召集的，由设计单位、施工单位、监理单位、勘察单位等建设主体参加的对施工图进行技术经济评议、完善的会议。在施工图会审中各单位对施工图的修改、补充或重新设计形成统一意见的记录，由主持人或其代理人整理成文，并由各方签字盖章的备忘录称为图纸会审纪要。

全面、详尽阅读施工图是施工过程中进行技术实施的关键，是进行钢筋翻样、模板翻样、装饰翻样等一般翻样工作（包括对施工图纸的深化设计）的前提。施工图会审的深度和全面性将直接影响工程施工质量、进度、成本、安全，以及施工的难易程度。

3.1.1 实习步骤和要点

过程一：收集资料、对照学习

1. 在实习工程现场收集"施工图会审纪要"、"钢筋翻样图"、"模板翻样图"、"装饰翻样图（含幕墙、门窗等深化设计）"等技术文件，认真研读。了解施工图会审纪要、钢筋翻样图、模板翻样图、装饰翻样图的内容及表现形式。

2. 重温建筑施工图识读、建筑构造与识读、建筑施工技术课程，在网上或实习企业查找相关施工图会审纪要、钢筋翻样图、模板翻样图和装饰翻样图的相关资料等，与样本资料进一步对照学习。找出差异和问题，分析、思考是阅读施工图方法问题还是构造、结构知识理解不到位。

3. 必要时查找混凝土结构施工图标准图集、结构设计相关规范等，加深学习和理解。进一步辨别和纠正自己在理解上的偏差，更准确把握图纸表达的内容。

过程二：跟踪模仿、学习理解

1. 跟随师傅参与施工图阅读，进行钢筋翻样图、模板翻样图和装饰翻样图的编制工作，了解师傅阅读施工图的顺序和编制翻样图的工作顺序、依据资料、利用工具和方法（软件等）。

2. 结合样本，模仿师傅的做法，尝试自己动手编写单个构件的翻样图。

3. 将师傅的样本图片、自己模仿的样图、对比及分析等参照表3-1~表3-3进行记录，连同自己在阅读施工图中碰到的困难，无法理解、无法解决的问题，向指导老师、实习师傅请教，寻求解答，加深理解。

钢筋翻样跟踪模仿用表   表 3-1

学习模仿 ＼ 翻样构件	构件编号及施工图	翻样图	配料单	其 他
师傅样本图片				
模仿翻样图片				
对比偏差	—			
原因分析及建议	—			

模板翻样跟踪模仿用表   表 3-2

模仿 ＼ 翻样项目	构件编号及施工图	翻样图	支架、配板图	用料单等
师傅样本图片				
模仿翻样图片				
对比偏差	—			
原因分析及建议	—			

装饰翻样跟踪模仿用表   表 3-3

模仿 ＼ 翻样项目	部位及施工图要求	翻样图	配套附属用图	材料清单等
师傅翻样图片				
模仿翻样图片				
对比偏差	—			
原因分析及建议	—			
改进方向	—			

过程三：自主阅读校对施工图

1．阅读校对施工图

（1）阅读校对建筑图：

1）校对各层平面图在同一轴线标注是否对应，查看是否有同轴线错位标注的现象，是否有不同层平面在相同轴线间尺寸标注不一致，特别注意上下层墙、柱、梁的位置变化而引起轴线编号改变部位，弄清变化后的轴线尺寸关系是否一致。

2）校对上下各层平面图中，门窗位置、洞口尺寸是否一致。对有变化的门窗要分析是否符合设计要求，特别是外墙上的门窗洞口，上下层有变化时，一定要仔细核对是否与该外墙的外立面图相符。

3）校对每层平面图中尺寸、标高是否标注准确、齐全、清晰。主要校对细部尺寸是否与轴线间距相符，分项尺寸是否与总体尺寸相符，门窗洞口尺寸是否与门窗表一致，洞口的位置、开闭方向是否与该房间内的家具、水、电等设备器具相协调，进出是否方便等。

4）校对平面图中的大样图与索引图是否相符，大样图与节点剖面图是否相符。这些整体与细部的图示，经常发生矛盾或不一致，也容易被设计和施工人员忽视。

（2）阅读校对结构图：

1）基础结构图主要校对基础的轴线编号、位置是否与上部结构图、建筑图相符。基础柱、承台、基础梁的布置、断面尺寸、标高是否与上部结构图、建筑图相统一。基础柱、墙、梁、板的编号及配筋标注是否齐全、准确无误，受力结构配筋是否合理，是否有不足。还需根据基础结构的特点、井挖方式和可能遇到的其他不利因素，并综合考虑施工单位的施工技术条件、设备条件以及以往的施工经验等评估施工的可能性及难易程度。

2）楼层结构图重点校对上下层结构图轴线是否错位，门窗洞口位置是否错位等。尺寸标注、标高标注是否齐全、无误。各种结构件配筋标注是否编写齐全，有无漏注、漏配。结构平面大样图是否与结构节点详图一致。屋面结构图，特别是坡屋面结构图中造型比较复杂的屋面构架图，看图纸是否全面、准确、清晰地反映其结构做法。

3）其他内容主要是校对结构图上预留孔洞、预埋钢筋，结构施工缝的留设是否有注明及特殊要求，是否有加强构造做法。预埋管位置、数量、洞口尺寸等是否满足相应的专业图纸要求。

2．编制钢筋翻样图

（1）翻样：

1）找到翻样构件的结构施工图，阅读构件的平法标注。

2）在建筑结构设计说明和图纸会审纪要中查找钢筋的相关说明及变更，结合混凝土结构施工图 11G101 图集，将平法图表示结构施工图的配筋绘制出钢筋分离图，将构件各种钢筋编号并计算钢筋数量。

3）将各编号钢筋标注翻样尺寸。

（2）下料计算：依据纵向钢筋、弯曲钢筋、箍筋等下料计算公式计算下料长度。

（3）编制钢筋配料单（翻样图）。

3．编制模板翻样图

（1）将与对应构件有关的结构施工图和建筑施工图（包括平面图、墙体图、框架图、构件大样图等）找到，并找出该构件在各图纸中所反映出的结构轮廓、尺寸、标高、相互间位置尺寸等参数。

（2）在结构平面图上进行对应尺寸校验核对：

1）由总尺寸到轴线尺寸，再到细部尺寸，由大到小校核三道尺寸。

2）对框架图、构件剖面图标准的总尺寸，各结构面标注的标高和构件细部尺寸进行核对。

3）将各构件细部尺寸、结构说明等具体部位的内容汇总到平面、剖面图中，进行轮廓、尺寸、做法的核对。

4）对结构高差进行核对，特别注意卫生间、阳台与室内地面的高差，室内地面与室外走廊的高差，屋面、露台与室内等高差，考虑装饰面层不同材料和构造的厚度对结构层的影响。

5）对建筑图与结构图在总尺寸、轴线尺寸（标高）、细部尺寸进行一一对应的逐一核对，各个部位轮廓、尺寸、做法同样逐一进行核对，无误后在板顶、板底、梁底等各外轮廓、各构件相互间位置标注上尺寸和标高。

（3）校核完板面标高后，根据结构施工图按轴线逐根校核建筑施工图梁底标高、平面位置等是否存在关联的门、窗、洞口、造型、装饰做法等，是否需要过梁（过梁构造要求一般在结构施工图说明中描述），检查梁与这些构件之间是否有重叠、相离、平面位置错位等矛盾处。

（4）将建筑平面、立面、剖面、节点详图，按上述的步骤和方法进行形状、尺寸、标高及构件相互间各项细部构造尺寸校验，对照建筑设计说明、工程做法说明是否有误，进行核对。然后与结构图进行对应核对，确保无误。

（5）阅读施工组织设计、施工方案等技术文件，了解现场实际情况，确定混凝土楼板、次梁、主梁及支撑的种类、形式。

（6）绘制混凝土各构件的模板面板翻样图。

4. 编制装饰翻样图

（1）阅读建筑装饰施工图，明确装饰的材料和种类。

（2）确定装饰施工的要求、尺寸、施工工艺、细部做法。

（3）绘制节点、衔接处等详细的装饰翻样图。

3.1.2 本实习子单元考核标准

1. 及格：查找、阅读实习项目的图纸会审纪要、钢筋翻样图、模板翻样图、装修翻样图至少一项，掌握编制的内容和方法，与实习项目类似的工程图纸能部分阅读，并能进行若干构件或局部部位的钢筋、模板、装修翻样，基本正确。

2. 良好：在及格的基础上，结合实习工程实际，询问师傅，对实习项目的图纸会审、钢筋、模板、装修翻样图提出个人的理解，基本正确，并能在实习中发现新的问题或钢筋、模板、装修翻样图实施的偏差，进行分析，提出改进意见。

3. 优秀：在良好的基础上，对顶岗工程施工图会审、钢筋、模板、装修翻样图基本正确理解，能自主进行一般工程的图纸自审和钢筋、模板、装修进行翻样及操作交底。

3.1.3 思考和拓展题

1. 施工图会审有什么作用？参审单位一般有哪些？

2. 钢筋翻样图有什么作用？计算公式是否唯一？各种公式的适用情况如何？

3. 模板翻样图有什么作用？不同的模板如何绘制翻样图？

4. 装饰翻样图有什么作用？哪些部位装饰需要绘制翻样图？

5. 你独立编制翻样图过程中和完成后的感受如何？以后会怎么编制？

6. 师傅进行钢筋翻样的依据是什么？钢筋下料长度有无多种做法？

交底编制和实施

技术交底是指在单位工程、分部分项工程、关键工序等施工前，由主管技术领导向参与施工的人员进行的技术性交待，其目的是使施工人员对工程特点、技术质量要求、施工方法与措施和安全等方面有一个较详细的了解，以便于科学地组织施工，避免技术质量等事故的发生。施工交底包括设计图纸交底、施工设计交底、专项方案交底、分部分项工程交底、质量（安全）技术交底等。

3.2.1 实习步骤和要点

过程一：收集资料、对照学习

收集现场"设计图纸交底"、"专项施工方案技术交底"、"分项工程施工技术交底"、"设计变更技术交底"、"测量工程专项交底"、"安全技术交底"等资料，查看其交底的类型，其形式、时间、内容等要求，与自己的理解是否有差异。

过程二：跟踪模仿、学习理解

1. 参与实习工地现场技术交底或交底会议等，了解现场技术交底的类型（设计图纸交底、施工设计交底、专项方案交底、分部分项工程交底、质量安全技术交底）、形式（会议交底、书面交底、施工样板交底、岗位技术交底）、内容、参与交底的人员、交底内容的侧重点、注意事项，思考其科学性、针对性、可操作性等并按照跟踪交底实习用表的提示，进行跟踪模仿、学习理解，并可参照表3-4进行记录。

2. 交底内容可主要从以下几个方面来观察和思考：

（1）是否具备施工条件。

（2）施工范围、工程量、工作量和施工进度要求。

（3）施工图纸的解说。

（4）施工方案措施。

（5）操作工艺和保证质量安全的措施。

（6）工艺质量标准和评定办法。

（7）技术检验和检查验收要求。

（8）增产节约指标和措施。

（9）技术记录内容和要求。

（10）其他施工注意事项。

3. 具体的理解应用，可参照表3-5"施工技术交底范本"对照进行。

交底跟踪学习用表 　　　表 3-4

交底名称		时间		形式	
参与人员					
内容摘要					
思考、理解和困惑					
解答记录					

施工技术交底范本 　　　表 3-5

工程名称	某建筑物	专项工程或工种名称		建筑物砂石换填地基	
交底时间	2014.04.05	交底人	王××	交底单编号	
技 术 交 底 内 容					

一、施工依据

1. 以砂石换填方案为依据。

2. JGJ 97—2002、GB 50007—2002、GB 50202—2002 为施工依据。

二、工程地点

××××。

三、施工准备

1. 基坑已用人工清理至设计标高，并夯实、整平，施工测量定位放线已完成并报验，监理复核后无误，已具备换填条件。

2. 原材料已送检，材料、机械设备已进入现场。

3. 工作人员已经到位。

四、材料要求

1. 天然级配砂石或人工级配砂石。宜采用质地坚硬的中砂、粗砂、砾砂、碎（卵）石、石屑或其他工业废粒料。在缺少中、粗砂和砾砂的地区，可采用细砂，但宜同时掺入一定数量的碎石或卵石，其掺量应符合设计要求。要求颗粒级配良好。

2. 级配砂石材料，不得含有草根垃圾等有机杂物，用做排水固结地基时，含泥量不宜超过 3%。碎石或卵石最大粒径不得大于垫层或虚铺厚度的 2/3，并不宜大于 50mm。

五、主要机具

一般应备有木夯、蛙式打夯机、推土机、压路机（6～10t）、手推车、平头铁锹、喷水用胶管、2m 靠尺、小线或细铁丝、钢尺等。

六、作业条件

1. 对级配砂石进行技术鉴定，应符合设计要求。

2. 回填前，应组织有关单位检验基槽地质情况。包括轴线尺寸、水平标高以及有无积水等情况，办完隐检手续。

3. 在地下水位高于基坑（槽）底面施工时，应采取排水或降低地下水位的措施，使基坑（槽）保持无积水状态。

4. 设置控制铺筑厚度的标志，如水平木橛或标高桩，或在固定边坡（墙）上钉上水平木橛或弹上水平线。

七、技术质量要求

1. 先将基坑杂填土清理至设计标高，并使用平板振动夯夯击 2 遍，且基坑两侧设 1∶0.5 边坡，防止振动夯实时塌方。

2. 砂石配合比按设计要求 1∶2（砂∶石）体积比，根据土工试验报告，砂石的最大干密度为 2.27g/cm³，最优含水量为 6.3%，如含水过多或过少，应晾干或洒水湿润，达到最优含水量时及时压实。

3. 其换填形式为：换填宽度为 $D+2h$，其中 D 为对应基础的宽度，h 为换填至基础底面的高度。

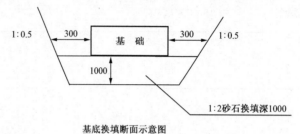

基底换填断面示意图

4. 基坑底标高不同，按先深后浅的顺序施工，铺设时，接头做成阶梯形成搭接，每层错开 0.5~1.0m，并注意充分夯实，搭接处应压密实。

5. 换填铺设时，严禁扰动垫层下卧层及侧壁的软弱土层，防止被践踏或受浸泡，以免降低其强度。

6. 摊铺砂石采用装载机粗平，人工配合静平，达到要求标高后洒水达到最优含水量，以便后路机碾压。

7. 换填应分层铺设、分层压实，每层厚度压实后控制在 50cm，压实采用 18t 重型压路机碾压，碾压前注意控制好填料的最佳含水量。

8. 压路机碾压按照规范碾压标准进行，砂石料达到最优含水量后，先静压 1~2 遍，再用大振动 4~6 遍，最后用微振 1~2 遍收光。

八、成品保护

1. 回填砂石时，应注意保护好现场轴线桩、标准高程桩，防止碰撞位移，并应经常复测。

2. 地基范围内不应留有孔洞。完工后如无技术措施，不得在影响其稳定的区域内进行挖掘工程。

3. 施工中必须保证边坡稳定，防止边坡坍塌。

4. 夜间施工时，应合理安排施工顺序，配备足够的照明设施；防止级配砂石不准或铺筑超厚。

5. 级配砂石成活后，应连续进行上部施工；否则应适当洒水保持湿润。

九、质量要求

换填高程必须符合设计要求，其底部高程允许偏差：±50mm，顶部高程允许偏差：±30mm；换填范围必须符合设计要求；压实度必须符合设计及规范要求，每层每 100m²，检查不少于 5 处，监理见证检测每层检查不少于 1 处。

十、安全措施

1. 进入施工现场的作业人员，进行详细的班前安全教育，使每个人树立"安全第一"的思想，避免安全事故的发生。

2. 施工现场的机械及照明设施等必须按照临时用电的安全施工组织实施，做到"一机一闸一保"，并且配电箱要在下班后上锁。

3. 现场必须有醒目的安全警示标志并悬挂各种机械的操作规程。

4. 机械操作人员必须持证上岗，遵守机械操作安全规程。

5. 机械要进行定期的检查保养，使安全装置可靠。

6. 操作工人严禁在机械回转半径范围内走动，严禁在陡坡下逗留，现场机械需派专人负责。

续表

7. 基坑周围要用密目网全封闭，并挂安全警示牌，基坑周围严禁行走大型机械。

8. 换填的砂石应离开坑边 1.5m 距离，以防造成坑壁塌方。

9. 进入施工现场的施工人员必须戴好安全帽，禁止酒后作业，禁止穿拖鞋上岗。

10. 基坑周边要做好排水设施，防止雨水浸泡基坑。

11. 施工现场 50～80m 要设置安全警示标志和减速慢行标志。

12. 施工现场的电线必须架空敷设，严禁乱拉乱扯。

十一、环保、文明施工措施

1. 临时施工现场实行围挡封闭施工，围挡设施不得低于 2m，且稳固、整洁、美观。

2. 施工区域分布合理有序，施工区域与生活区域严格分隔，场容场貌整齐、有序、文明，材料区域堆放整齐，并采取安全保卫措施。

3. 施工现场要按规定设置厕所，安排专人经常打扫，保持清洁，定期施洒白灰或其他消毒物。

4. 施工现场设置宣传标语和黑板报，并适时更换内容。

5. 施工现场不堆放垃圾和杂物，应在适当的地点设置临时堆放点，并定期外运，严禁乱堆乱放。

6. 工人操作地点和周围必须整洁整齐，做到活完脚下清，工完场清。

7. 做好周围社区居民的工作，通过一定形式融洽与社区居民的关系，取得居民的谅解与支持。

8. 不得乱砍乱伐施工现场的树木，不得占用农田，毁坏植被。

9. 进入施工现场的道路要经常洒水，减少扬尘污染道路两侧的树木和农田。

10. 禁止将铁丝捆绑、钉子钉在施工现场周围的树木上，破坏树木。

项目经理	×××	被交底人	×××

过程三：自主编制和实施交底

1. 收集交底资料编制的依据：设计图纸、变更单、技术标准、规范等。

2. 编制技术交底资料

（1）内容要求：

1）单位工程技术交底的内容应包括以下主要方面：

①工程概况和各项技术经济指标及要求；

②主要施工方法，关键性的施工技术及实施中存在的问题；

③特殊工程部位的技术处理细节及其注意事项；

④新技术、新工艺、新材料、新结构施工技术要求与实施方案及注意事项；

⑤施工组织设计网络计划、进度要求、施工部署、施工机械、劳动力安排与组织；

⑥总包与分包单位之间互相协作配合关系及其有关问题的处理；

⑦施工质量标准和安全技术；尽量采用本单位所推行的工法等标准化作业。

2）分部分项工程或质量安全专项技术交底的内容应包括以下几个方面：

①工程情况和当地地形、地貌、工程地质及各项技术经济指标；

②设计图纸的具体要求、做法及其施工难度；

③施工组织设计或施工方案的具体要求及其实施步骤与方法；

④施工中具体做法，采用什么工艺标准和本企业哪几项工法；关键部位及其实施过程中可能遇到问题与解决办法；

⑤施工进度要求、工序搭接、施工部署与施工班组任务确定；

⑥施工中所采用主要施工机械型号、数量及其进场时间、作业程序安排等有关问题；

⑦新工艺、新结构、新材料的有关操作规程、技术规定及其注意事项；

⑧施工质量标准和安全技术具体措施及其注意事项。

3）专业工种工人技术交底的内容应包括以下几个方面：

①侧重交清每一个作业班组负责施工的分部分项工程的具体技术要求和采用的施工工艺；

②标准或企业内部工法；

③分部分项工程施工质量标准；

④质量通病预防办法及其注意事项；

⑤施工安全交底并介绍以往同类工程的安全事故教训及应采取的具体安全对策。

（2）编制要求：

1）严格执行国家颁布的有关国家标准、规范、操作规程、工艺标准、质量检验评定标准、上级技术指导文件及本公司制定的具有可操作性的技术支持性文件；

2）技术交底根据工程特点及施工进度及时编写，做到内容全面，针对性强，具有可操作性；

3）对容易发生质量通病和安全事故的部位，应在交底中提出切实可行的防治措施。

（3）实施要求：可采用会议交底、书面交底、施工样板交底、岗位技术交底等形式，除图纸会审采用会议纪要方式，其他均可参照表3-6、表3-7的格式进行技术交底编制，并应符合以下要求：

1）技术交底必须在单位工程图纸综合会审的基础上进行，并在单位工程或分部、分项工程施工前实施。技术交底应为施工留出适当的准备时间，并不得后补。

2）技术交底应以书面形式进行，并辅以口头讲解。交底人和被接受人应及时履行交接签字手续，并应及时交资料员进行归档、妥善保存。

3）技术交底应根据工程任务情况和施工需要，逐级进行操作工艺交底和施工安全交底。

4）接受交底人在接受技术交底时，应将交底内容搞清弄懂。各级交底要实行工前交底、工中检查、工后验收，将交底工作落在实处。

5）技术交底要字迹工整，交底人、接交人要签字，交底日期、工程名称等内容要写清楚。

“技术交底”封面 表 3-6

技 术 交 底

编 制 人：_____ 学　　号：_____

实习师傅：_____ 指导老师：_____

技术交底用表 表 3-7

工程概况		
交底项目		
内容依据		
质量、安全、进度、文明施工、环境保护等目标		
施工准备	材料准备	
	机具准备	
	作业条件及人员准备	
操作工艺	工艺流程	
	作业准备	
	施工要点和技术要求	
质量标准	主控项目	
	一般项目	
	质量控制点	
成品保护		
安全与环境		
施工注意事项		

3.2.2 本实习子单元考核标准

1. 及格：查找、阅读实习项目的交底资料，掌握其编制的内容和方法，能按照规定格式摘录完整、基本正确。

2. 良好：在及格的基础上，结合实习工程实际，询问实习师傅，对实习项目的交底内容提出的个人理解基本正确，并能在实习中发现技术交底资料及在实施过程中存在的问题，并提出修改调整意见。

3. 优秀：在良好的基础上，理解正确，对偏差基本能正确鉴别、分析，提出较科学合理的修改调整意见，结合实习工地的工程情况和已学的知识、收集的参考资料，能自主编制。

3.2.3 思考和拓展题

1. 技术交底的作用？

2. 技术交底以何方式进行？

3. 交底后要履行什么程序来确认已交底？

建筑施工测量

房屋建筑工程施工阶段所进行的一系列测量工作，称为房屋建筑施工测量，也称测设或施工放样。它分为施工前测量的测量工作、施工过程中测量工作以及工程竣工后的测量工作，包括"施工放样"与"施工测量"，施工放样是将设计图纸上的建（构）筑物的平面位置和高程，按照设计的要求，根据施工的需要，以一定的精度测设到实地上，做好标志，并据此施工；施工测量包括沉降观测、大角垂直、总高测量、复测、建筑物竣工定位等。本子单元具体工作任务包括：定位放样（建筑定位、轴线标高引测、建筑和结构构件放样），建筑变形监测（场地、基坑、建筑物）、地形和竣工总图的测绘。

3.3.1 实习步骤和要点

过程一：收集资料、对照学习

收集"测量放线成果报告及验线回单"、"测量放线报验单"、"技术复核"、"沉降观测记录"、"全高、层高垂直度测量记录"、"工程竣工测绘报告"等工程实际施工测量放线工作成果，对比学校测量教材、测量实训及自己理解与实际施工现场形成的测量资料的差异，见表3-8。学习《工程测量规范》（GB 50026—2007）、《建筑变形测量规程》（JGJ 8—2007）和相应的国家现行技术标准。

"测量放线"对照学习记录表

表3-8

工作成果资料	学校学习	工地实际	差异	个人理解
测量放线成果报告及验线回单				
测量放线报验单				
技术复核				
沉降观测记录				
全高、层高垂直度测量记录				
工程竣工测绘报告				

过程二：跟踪模仿、学习理解

1. 跟随工地指导师傅并协助师傅一起进行各类施工测量放线工作，了解师傅所使用的测量仪器、工具、测量放线的方法、步骤、内业的计算、测量数据的记录、整理和相关测量资料的编制。

2. 查阅并了解各类施工测量放线相关的规范、规程的技术要求和其他相关资料。

3. 参照表3-9的格式步骤，将师傅的操作和自己以前在学校学习理解的内容进行对比，根据查阅的资料进行分析，向实习师傅讨教，向指导老师询问，准确把握操作要领和原理。

"测量放线"观摩分析记录表   表3-9

师傅使用的仪器和工具	1.（目录附照片）
	2.
	3.
	……
师傅操作过程照片	1. 建筑定位
	2. 轴线标高引测
	3. 建筑和结构构件放样
	4. 沉降观测
	5. 垂直度、标高、全高测量
	6. 基坑变形监测
	7. 地形和竣工总图的测绘
	……
有关测量放线标准规范、方案等	1.（目录附封面照片）
	2.
	……
师傅测量放线与学校学习的差异	
理解、分析和困惑	
解答记录	

过程三：自主实习建筑施工测量顶岗实操指导

1. 收集施工测量依据：包括"施工定位图或总平面图"、"建筑测量放线成果报告"、"城市方格网坐标高程点"等。

2. 熟悉各类施工测量工具的操作和使用方法：全站仪、水准仪、经纬仪、对中仪、塔尺、水平管。

3. 施工测量的方法和步骤：

（1）定位放样：

1）建筑平面位置定位：以经纬仪为例，若已知控制点的坐标为：A（x_A，y_A），B（x_B，y_B），需测设某建筑物的设计坐标为：1（X_1，Y_1），2（X_2，Y_2），如图3-1所示。

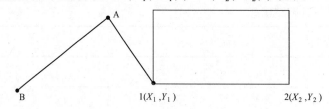

图3-1 建筑物定位示意图

①内业准备：根据城市方格网标准坐标 A、B，并 A 为极点（0，0），AB 为极轴，将拟定位点 A、B 的坐标转化为相对极坐标。

$$A、B 点间的距离 \rho_{AB} = \sqrt{(x_A - x_B)^2 + (y_A - y_B)^2} \tag{3-1}$$

$$A、1 点间的距离 \rho_{A1} = \sqrt{(x_A - x_1)^2 + (y_A - y_1)^2} \tag{3-2}$$

$$\rho_{AB} 与 \rho_{A1} 的夹角 \theta_1 = \arccos\frac{\rho_{A1}{}^2 + \rho_{AB}{}^2 - \rho_{B1}{}^2}{2\rho_{A1}\rho_{AB}} \tag{3-3}$$

即点 1 的极坐标为（ρ_{A1}，θ_1）。

同理，经内业计算（也可利用 CAD 图），可求得点 2 的极坐标为（ρ_{A2}，θ_2）和所有放样点的极坐标，并将计算结果记录到表3-10"定位点坐标内业计算成果表"中。

定位点坐标内业计算成果表　　　　　　　　　表3-10

A	$X_A =$	B	$x_B =$	C	$x_C =$	以 A 为极点（0，0），以 AB 的连线为极轴，计算出的定位点的极坐标，将内业计算成果汇总填入下表		
A	$y_A =$	B	$y_B =$	C	$y_C =$			
A	$h_A =$	B	$h_B =$	C	$h_C =$			
1	$\rho_{A1} =$	2	$\rho_{A2} =$	3	$\rho_{A3} =$	4	$\rho_{A4} =$	5	$\rho_{A5} =$
1	$\theta_1 =$	2	$\theta_2 =$	3	$\theta_3 =$	4	$\theta_4 =$	5	$\theta_5 =$
6	$\rho_{A6} =$	7	$\rho_{A7} =$	8	$\rho_{A8} =$	9	$\rho_{A9} =$	10	$\rho_{A10} =$
6	$\theta_6 =$	7	$\theta_7 =$	8	$\theta_8 =$	9	$\theta_9 =$	10	$\theta_{10} =$

②现场测设：在 A 点摆经纬仪，回打 B 点，归零；将经纬仪调整角度至 θ_1，用钢尺沿该角度方向量取距离 ρ_{A1}，该点即为 1 点在场地中的实物坐标，同理测得 2 点坐标，拉通 1、2 两点得到轴线 12，作为轴线控制线之一。

2）建筑高程定位：采用水准测量，将城市方格网高程点引入场地平面控制网的标桩或稳固的建构筑物上，要求引测的水准点不少于 2 个且引测精度不低于四等水准。测量过程可参照表3-11作为测量记录手簿，进行测量记录、计算和原始资料保存。

①准备工作，找到城市方格网坐标高程点 BM0 并获取该点高程 h_0。

②在任意点摆水准仪，读已知城市方格网标高读数 H_i，得到该点高程为 $H_0 + H_i$，将水准仪投射到施工场地内或稳固的建构筑物上读数 H_1，做好标桩标记或红三角标记，写上该点高程为 $H_0 + H_i - H_1$，将该点作为高程控制点之一。

③根据已确定的高程控制点结合设计标高要求进行场地平整。

水准（标高测量记录）表 　　　　　　　　　 表 3-11

站点	水准尺读数（m）		高差 h（m）		高程（m）	测设简图
	后视 a（m）	前视 b（m）	+	-		
BM$_0$（基准点）	H_i	—	—	—	H_0（已知）	
BM$_1$	H_1				$H_0 + H_i - H_1$	
BM$_2$						
BM$_3$						
……						
			—	—		
Σ						
计算校核	$\sum a - \sum b =$			$\sum h =$		

（2）施工层的轴线投测和标高的传递：

1）轴线投测：在基础平面轴线控制点上直接采用吊线坠法或激光铅垂仪法，通过预留孔将其点位垂直投测到一层支模架上，同理每层轴线用同样方法进行传递。

①吊线坠法：在预留孔上面安置十字架，在十字架中心挂上锤球，对准首层预埋标志，当锤球线静止时，固定十字架，并在预留孔四周作出标记，作为以后恢复轴线及放样的依据。此时，十字架中心即为轴线控制点在该楼面上的投测点。

将平面上的所有控制点都测设到同一楼层后，再根据同一辅助轴线上的两个控制点放出辅助轴线，由辅助轴线放出主轴线，再由主轴线用钢卷尺分出建筑物的其余轴线。

②激光铅垂仪法：在首层轴线控制点上安置激光铅垂仪，在上层施工楼面预留孔处，放置接受靶。接通激光电源，启辉激光器发射铅直激光束，通过发射望远镜调焦，使激光束会聚成

红色耀目光斑，投射到接受靶上，移动接受靶，使靶心与红色光斑重合，固定接受靶，并在预留孔四周作出标记，此时，靶心位置即为该楼层的辅助轴线控制点。

2）标高的传递：各施工操作层标高根据 ±0.000 标高在首层框架柱上弹设 0.5m 水平标高线，以此为基准采用钢尺在建筑四角竖直向上量取至作业层。施工层抄平前先校测，当校差小于 3mm 时，以其平均值引测本楼层的水平线，并用油漆标记。抄平时，将水准仪安置在测点范围中心位置，精密定平，水平线标高允许误差小于 ±3mm 后，方可使用。为避免各层传递时的累计误差过大，可每 4~5 层进行一次复测以修正每层传递时产生的累计误差。

（3）建筑和结构构件放样：

1）柱模就位控制：柱模垂直度及位置控制，采用线锤吊测和尺量检测。根据楼层照射线放设出各框架柱的柱边线和 150mm 柱模控制线，柱边线延长 30cm，柱模就位时，柱模齐柱边线搁置，以 150mm 控制线为准，尺量控制其位置的正确性。柱模临时固定后，采用吊线锤吊测柱边线的延长线与柱模棱角线，当四楼角线与甩长线均在同一垂直平面内时，柱模即为垂直，各项指标检测合格后，固定柱箍。

2）梁板模标高控制：梁板标高控制采用钢尺竖直量取。搭设满堂脚手架时，楼层抄测 +1.00m 的水平线至脚手架上，作为梁底板与板模底标高的控制依据。铺梁底模时，钢尺垂直向上量取至板底模（向上量取数值 = 层高 – 梁高 – 1.0m），并以此为基准，搭设梁底小横杆和铺设梁底模。板模铺设时，由水平线竖直向上量取层高除去板厚、板模厚及 1.0m 的数值即为板模小横杆搭设的顶标高。铺设板模前，就校核板底标高与梁顶标高是否符合设计要求，并相互协调。

3）板面混凝土标高控制：板混凝土标高采取在伸出板面的柱竖筋或梁侧模上抄测 +0.5m 标高水平线，当混凝土表面抹平时，拉 +0.5m 水平线，向下尺量 50cm 即为板面标高。

4）填充墙测量：填充墙砌体砌筑时，采用线锤吊测垂直度，皮数杆控制砖体灰缝平直度及厚度。皮数杆采用木制线杆制作，刻划出砖、灰缝厚度及门窗洞口位置、高度。皮数杆底部划砖线，预留 2cm 作为楼板抄平时的调节厚度。砌砖时，抄平本楼层 +0.000 标高线，皮数杆第一根划线与其齐平，底部用水泥砂浆垫实，并采用水准仪校测砖墙两端皮数杆刻度线是否同一水平线上，对应牵拉通线砌筑。

5）装饰施工测量：

①内抹灰及楼地面施工测量：内墙抹灰为保证抹灰层阴角的方正，采取各边借墙体边线 15cm 弹设控制线，据此控制线采用吊线锤吊测至墙立面后，并以此为基线打灰饼。顶棚抹灰为控制其水平，采用水准仪在顶棚下 10cm 弹设水平通线，以此水平线控制顶棚抹灰层的水平。楼地面施工在墙体四周弹设 +0.5m 水平控制线。

②门窗安装的测量：门窗安装为保证其在外墙面的整体美观，在外墙面楼层标高处弹设水平通线且在门窗两端外各 30cm 处弹设一根竖直通线，作为门窗安装的控制线。门窗安装同时协调外墙面砖的排砖尺寸，适当调整门窗位置。

③楼梯装饰施工测量：楼梯踏步的高度，以楼梯间结构层的标高结合楼梯上下级踏步与平

台、走道连接处面层的做法进行划分，为保证楼梯踏步的均匀性，在踏步装饰前放设出踏步分步线。楼梯踏步的起步线采取各楼层吊通线综合排定，并计算出各级踏步的高与宽，在墙面上弹设出分步标准斜线，即踏步宽度与高度相交线，并以此为基准控制各级踏步面层施工。

（4）建筑变形监测：

1）建筑物沉降观测：

①设置观测点：沉降观测点要埋设在最能反映建（构）物沉降特征且便于观测的位置。相邻点之间间距以 15～30m 为宜，均匀地分布在建筑物的周围（埋设的沉降观测点要符合各施工阶段的观测要求，特别要考虑避免在装修装饰阶段因墙或柱饰面施工而破坏或掩盖观测点）。

②观测：观测时先后视水准基点，接着依次前视各沉降观测点，最后再次后视该水准基点，两次后视读数之差不应超过 ±1mm。另外，沉降观测的水准路线（从一个水准基点到另一个水准基点）应为闭合水准路线。

③观测资料形成：参照表 3-12 的格式，将沉降观测的数据进行记录、计算，并经相关责任人签认后归档保存。

2）垂直度、标高、全高的测量：

①测出建筑物的高度，按照三角函数计算出倾斜率，将不同时间测出的倾斜率进行统计分析，建筑物垂直度偏差应小于 $H/1000$ 且小于等于 30mm。

②测出楼层的标高，进行统计分析，偏差应小于 10mm。

③对建筑物全高进行测量，并进行统计分析，应小于等于 30mm。

④参照表 3-13 的格式，将建筑物垂直度、楼层标高、全高测量成果及时记录，并经责任人签认后归档保存。

3）基坑变形监测：

①变形监测作业前，收集相关水文地质、岩土工程资料和设计图纸，并根据岩土工程地质条件、工程类型、工程规模、基础埋深、建筑结构和施工方法等因素，进行变形监测方案设计，基坑变形监测主要指水平位移、垂直位移、地下水位、基坑回弹和分层地基土沉降。

②基坑监测点位布置及保护：根据设计要求在能反映监测体变形特征的位置或监测断面上设置监测点，监测断面一般分为：关键断面、重要断面和一般断面。需要时，还应埋设一定数量的应力、应变传感器。

③监测工具：水准仪、全站仪、水位计、沉降仪、测斜仪。

④监测周期：根据设计要求的监测周期，结合监测体的变形特征、变形速率、观测精度和工程地质条件等因素，综合确定监测周期，并应根据变形量的变化情况适当调整。

⑤监测记录：利用全站仪和水准仪，分别对水平位移、垂直位移、回弹变形、地下水位等进行持续观测，并参照表 3-14～表 3-16 进行记录。

沉降观测记录表

表 3-12
共 页 第 页

工程名称：

观测点编号	第一次			第二次			第三次			第四次			……		
	标高 (m)	沉降量 (mm)		标高 (m)	沉降量 (mm)		标高 (m)	沉降量 (mm)		标高 (m)	沉降量 (mm)		标高 (m)	沉降量 (mm)	
		本次	累计		本次	累计		本次	累计		本次	累计		本次	累计
沉降观测结果															
工程状态	基础结构完			一层结构完			二层结构完			三层结构完			……		

建筑物垂直度、楼层标高、全高测量记录表 表 3-13

单位（子单位）工程名称									
分部（子分部）工程名称				测量部位					
施工单位				项目经理					
1	测量点位编号		①		②		③		④
	内控标高点 偏差（mm）	层高							
		全高							
2	测量点位编号		①		②		③		④
	外控标高点 偏差（mm）	层高							
		全高							
3	测量点位编号		① ②	③	④	⑤	⑥	⑦	⑧
4	大角垂直度 偏差（mm）	全高							
5	电梯井垂直度 偏差（mm）	层高							
		全高							

测量点位示意图：

内控标高点示意图　　　外控标高点示意图

水平位移观测记录表 表 3-14

工程名称：_____ 仪器型号：_____

点号	坐标 日期	本次坐标	本次位移量	本次坐标	本次位移量	本次坐标	本次位移量	备注
	x							
	y							
	x							
	y							
	x							
	y							
	x							
	y							
	x							
	y							
	x							
	y							
	x							
	y							
	x							
	y							
	x							
	y							
	x							
	y							
	x							
	y							
点位布置简图								

垂直位移观测记录表 表 3-15

工程名称：_____ 仪器型号：_____

测站编号	日期＼点号	上次高程	本次高程	平差后高程	变化量	累计沉降量	本次高程	平差后高程	变化量	累计沉降量
	闭合差									
	点位布置简图									

地下水位监测记录表   表 3-16

点位	初始高程 （m）	本次高程 （m）	上次高程 （m）	本次变化量 （mm）	累计变化量 （mm）	变化速率 （mm/d）	备注

点位布置简图		当日监测的简要分析及判断性结论：

⑥成果数据分析：每期观测结束后，应及时处理观测数据。当数据处理结果出现变形量达到"预警值或接近允许值"、"变形量出现异常变化"、"建（构）筑物的裂缝或地表的裂缝快速扩大"之一时，必须即刻通知建设单位和施工单位采取相应措施。

（5）地形和竣工总图的测绘：

1）收集总平面布置图、施工设计图、设计变更文件、施工检测记录、竣工测量等资料。

2）竣工总图的绘制，应满足下列要求：

①应绘出地面的建（构）筑物、道路、铁路、地面排水沟渠、树木及绿化地等；

②矩形建（构）筑物的外墙角，应注明两个以上点的坐标；

③圆形建（构）筑物，应注明中心坐标及接地处半径；

④主要建筑物，应注明室内地坪高程；

⑤路的起终点、交叉点，应注明中心点的坐标和高程；弯道处，应注明交角、半径及交点坐标；路面，应注明宽度及铺装材料。

3）竣工总图的实测

①宜采用全站仪测图及数字编辑成图的方法；

②竣工总图中建（构）筑物细部点的点位和高程中误差，应满足要求；

③竣工总图的实测，应在已有的施工控制点上进行。当控制点被破坏时，应进行恢复；

④对已收集的资料应进行实地对照检核。满足要求时应充分利用，否则应重新测量。

3.3.2 本实习子单元考核标准

1. 及格：能自主进行标高引测，了解相关知识，模仿样本填表。

2. 良好：能自主进行标高和轴线引测，了解相关标准要求，模仿样本编制资料。

3. 优秀：能自主进行各类施工测量放线，了解相关标准要求，能自主编制资料。

3.3.3 思考和拓展题

1. 施工测量放线的作用？

2. 对施工测量的规范允许误差是多少？

3. 放线工作对你的工作态度产生了哪些影响？

师 傅 说

1. 施工图阅读绝不是单一的识图认字，它是要理解设计意图，要求在图纸阅读过程中，把构件、装饰、设备、构造等之间的关系，相互间的尺寸、做法等，以联系的、立体的、层叠的、想象施工运动的装到头脑中。要在大脑中"拼装"的时候，把设计前后的矛盾、专业工种之间的矛盾、无法施工的问题、笔误的问题、可能产生歧义的问题等，一一找出来并解决掉，且在此过程中进一步加深对图纸的理解。

2. 做事要交代清楚，才能高效准确、达到目标；出事调查，有交底证明，明确各自责任、可以保住性命。

3. 放线打标高是操作最多的工作，看似很简单，数据全都是死的，实际上在整个建筑施工过程中具有很高的位置，差之毫厘失之千里，一厘米误差都可能造成不可挽回的损失，必须要仔细、再仔细，注意力要高度集中。另外，看图要认真、仔细、准确，并要熟记数据。

4. 对所放的线必须进行复测，以减少失误所带来的错误；每一次放线都应该预留一些轴线线头，方便以后或其下一项工作引测用。

施工进度成本管理顶岗实习

知识目标：

1. 掌握施工组织管理的基本知识。
2. 掌握施工进度计划的编制方法。
3. 熟悉工程预算的基本知识，熟悉工程成本管理的基本知识。

技能目标：

1. 能正确划分施工区段和工作分解，合理确定施工顺序。
2. 能进行资源平衡计算，参与编制施工进度计划和资源计划，会鉴别实施中的偏差并根据实际控制调整计划。
3. 能进行工程量计算，参与编制施工进度计划及资源需求计划并组织实施。

施工进度管理是指施工项目部根据合同工期要求编制施工进度计划，并以此作为管理的目标，对施工的全过程经常进行检查、对照、分析，及时发现实施过程中的偏差，采取有效措施，调整工程建设施工进度计划，排除干扰，保证工期目标实现的全部活动。

成本管理是指从工程投标报价开始，直至项目竣工结算，对人工费、材料费、施工机械使用费及工程分包费用等进行控制、管理。在保证工期和质量满足要求的前提下，采取相应管理措施，包括组织措施、经济措施、技术措施、合同措施把成本控制在计划范围内，并进一步寻求最大程度的成本节约。

本单元主要实习任务是施工段的划分、施工顺序的确定和进度计划的编制、调整以及成本管理的班组任务下达等工作。

施工段和施工顺序确定

施工段是指在组织流水施工时，把施工对象划分为劳动量相等或大致相等的若干个施工段落；施工顺序是指一个建设项目（包括生产、生活、主体、配套、庭园、绿化、道路以及各种管道等）或单位工程，在施工过程中应遵循的合理的施工顺序。

4.1.1 实习步骤和要点

过程一：收集资料、对照学习

收集现场施工组织设计、总进度计划、年进度计划、季度进度计划及月度进度计划等资料，观察、理解、分析或询问师傅如何进行施工段的划分及施工顺序的确定，对照学校教材和参考资料，对施工组织设计、施工技术等课程进行温习，将实际工程的做法和教材讲述方法存在的差异进行分析，并找出不同划分方式的优缺点。常见的问题是将施工顺序按价格组成、质量验收的特征来划分，并不是施工的技术和组织的要求来划分。

过程二：跟踪模仿、学习理解

观察或询问师傅在编制施工进度计划时如何确定施工段及施工顺序（如根据施工经验或采用进度计划编制软件自动生成），这样划分或确定的原理是什么，是否合理，与学校教材所述的划分方法有何差异，结合教材模仿现场已有的进度计划对实习工地实际形象进度对应阶段的施工段和施工顺序进行划分。

过程三：自主划分施工段和确定施工顺序

1. 了解需划分施工段和确定施工顺序的施工工作所采取的施工方法、机具、工期要求、费用投入计划等。

2. 参照以下划分原则结合工地实际进度进行施工段的划分和施工顺序的确定：

（1）施工段的划分原则：

1）同一专业工作队在各个施工段上的劳动量应大致相等，相差幅度不宜超过 10% ~ 15%。

2）每个施工段内要有足够的工作面，以保证相应数量的工人、主导施工机械的生产效率，满足合理劳动组织的要求。

3）施工段的界限应尽可能与结构界限（如伸缩缝、沉降缝）相吻合，或设在对建筑结构整体性影响小的部位，以保证建筑结构的整体性。

4）施工段的数目要满足合理组织流水施工的要求。施工段数目过多，会降低施工速度，延长工期；施工段过少，不利于充分利用工作面，可能造成窝工。

5）对于多层建筑物、构筑物或需要分层施工的工程，应既分施工段、又分施工层，各专业工作队依次完成第一施工层中各施工段任务后，再转入第二施工层的施工段上作业，依次类推。

（2）施工顺序的确定原则：

1）单位工程总进度计划："先地下，后地上"、"先土建后设备安装"、"先主体结构后围护"、"先结构后装饰"；合理安排土建施工与设备安装的施工顺序。

2）考虑影响全局的关键工程（"打桩"、"土方"、"主体"、"各种装饰"、"屋面"、"地下、楼面、外墙防水"等）的合理施工顺序。

3）符合施工工艺要求。

4）自然条件的影响。

5）与施工方法、施工机具的配置协调。

6）施工组织条件的影响。

7）工程质量和成品保护的要求。

8）安全生产的要求。

3. 根据上述原则确定施工段和施工顺序。

施工段和施工顺序确定实习用表　　　　　　　　　　　　表 4-1

施工段确定（根据人工、机械、材料、工作面等确定）			施工顺序	
			分部顺序	（单项顺序）
地基与基础	桩基	1~20 号桩、20~40 号桩……		
	支护			
	土方			
	基础			
	……			
主体	钢筋			
	模板			
	混凝土			
	……			
屋面	防水			
	瓦屋面			
	……			
装饰	地面			
	墙面			
	门窗			
	……			

续表

施工段确定			施 工 顺 序	
（根据人工、机械、材料、工作面等确定）			分部顺序	（单项顺序）
安装	给水排水			
	电气			
	智能			
	通风空调			
	电梯			
	……			

填表说明：以桩基工程为例，施工段的划分可以将桩编号，按桩总数平均划分成若干个劳动量大致相等的施工段落，如1～20号桩为一个施工段、20～40号桩为一个施工段；分部顺序是指各分部工程中子分部的施工顺序，如桩基→支护→土方→基础；单项顺序是指一个子分部工程中的施工顺序，如1～20号桩→20～40号桩。

4.1.2　本实习子单元考核标准

1. 及格：查找、阅读实习项目的施工组织设计、总进度计划、年进度计划、季度进度计划及月度进度计划等资料，掌握其中施工段划分、施工顺序编制的内容和方法，能按照规定格式摘录完整、基本正确。

2. 良好：在及格的基础上，结合实习工程实际，询问实习师傅，对实习项目的各类进度计划的施工段划分、施工顺序内容提出的个人理解基本正确，并能在实习中发现质量策划文件实施的偏差，进行分析，提出修改调整意见。

3. 优秀：在询问实习师傅、指导老师，学习工程实际技术资料后，对顶岗实践工程中相关进度计划的施工段划分、施工顺序的确定理解、摘录均较完整、正确，对偏差基本能正确鉴别、分析，提出较科学合理的修改调整意见，结合实习实际工程情况和已学的知识、收集的参考资料，能自主编制。

4.1.3　思考和拓展题

1. "工作项"、"施工顺序"、"施工段"是如何划分或确定的，依据是什么？
2. 确定施工段、施工顺序的作用是什么？

进度计划编制和调整

进度计划是指以拟建工程为对象，规定各项工程内容的施工顺序和开工、竣工时间的施工计划，可分为施工总进度计划、单位工程施工进度计划、分部分项工程进度计划和季度（月、旬、周）进度计划。

4.2.1　实习步骤和要点

过程一：收集资料、对照学习

收集实习工地的"总进度计划"、"年进度计划"、"季度进度计划"、"月进度计划"等各种形式的进度计划，参照表4-2，将施工过程（指"打桩"、"支护施工"、"土方开挖"、"垫层施工"、"基础施工"、"土方回填"等具体工作）的进度计划与实际进展情况进行对比，分析偏差原因。

进度偏差学习分析用表　　　　　　　　　　　　　　　　　表4-2

（施工过程）	进度计划	
	实际进度	
	偏差情况	
	原因分析	
	对总进度或该分部进度的影响	
	师傅操作	
	调整对策的思考和询问	

过程二：跟踪模仿、学习理解

跟随指导师傅，看其是如何确定相关时间参数、关键工作和编制进度计划的，所使用的工具、软件是什么，在实施过程中如何判断实际进度与计划进度的偏差，在出现偏差时，是通过什么方法进行调整来保证工程总进度目标的。具体进行进度偏差分析的范例详见表4-3。

进度偏差分析用调整范例　　　　　　　　　　　　　　　表4-3

土方开挖	进度计划	4月1日~4月20日
	实际进度	4月5日~4月30日
	偏差情况	开工时间晚5d，过程中又晚5d，共滞后10d
	原因分析	1. 土方手续未办妥，晚5d开工。 2. 下雨滞后10d，经赶工缩短5d，但还是晚了5d
	对总进度或该分部进度的影响	对紧后工作基础垫层开始时间晚了10d
	调整对策	垫层、基础施工增加劳动力，及时穿插，赶回工期

过程三：自主编制和调整进度计划

1. 调查研究：通过实际观察、询问、资料检索等方法了解工程任务（含"合同"）情况、实施条件、设计资料、资源（主要是人员、机具和材料等）需求与供应情况、资金需求与供应情况等情况。

2. 确定计划目标

（1）时间目标：即工期目标，主要指建设工程合同中规定的工期。

（2）时间-资源目标：主要分两种：资源有限，工期最短；工期固定，资源均衡。

（3）时间-成本目标：以限定的工期寻求最低成本或寻求最低成本时的工期安排。

3. 将工程项目由粗到细分解：从项目大的准备到栋间顺序，从各分部到各专业工种，以及各工种内顺序，将各重要节点之间的前后分清。

4. 根据施工方案、有关资源供应情况和施工经验分析各项工作之间的施工工艺要求、施工方法、施工机械、施工组织要求、施工质量要求、气候条件、安全技术要求等的逻辑关系。

5. 根据已确定的逻辑关系，参考表4-4或表4-5，绘制横道图或网络图。

6. 计算工作持续时间、网络计划的时间参数，确定关键线路和关键工作。

7. 优化网络计划，直至满足工期、费用、资源等要求。

8. 施工过程中要不断分析比较计划与实际进度的偏差（可采用横道图比较法、S曲线比较法、香蕉曲线比较法、前锋线比较法等），当实际进度对后续工作及总工期有影响时，要及时进行计划调整，确保计划的完成。进度计划的调整方法有：在逻辑关系允许的条件下，改变某些工作间的逻辑关系，通过增加资源投入、提高劳动效率等措施来缩短某些工作的持续时间。

网络图绘制范例

表44

时间 施工过程	3月			4月			5月			6月			7月			8月			9月			10月	
	10	20	31	10	20	30	10	20	31	10	20	30	10	20	31	10	20	31	10	20	30	15	31

施 工 进 度

基础工程：基础挖土 ① 承台施工 ② ③

主体结构：框架结构及砌筑 ④ 屋面工程 ⑤ ⑧ 外墙装饰

室内装饰：⑥ 养护 ⑦ 室内抹灰 ⑨

楼地面及外墙涂料：⑨ 楼地面 ⑪ 涂料 ⑫ 竣工 13

表4-5

横道图图绘制范例

时间 施工过程	施工进度																						
	3月			4月			5月			6月			7月			8月			9月			10月	
	10	20	31	10	20	30	10	20	31	10	20	30	10	20	31	10	20	31	10	20	30	15	31
基础工程																							
主体结构																							
室内装饰																							
楼地面及外墙涂料																							

9. 参照表4-6，将相关的信息、计算、计划编制成果以及分析处理等汇总到该表中。

自主编制进度计划用表   表4-6

分部分项进度 计划名称		
合同、会议等 工期要求		
工作项划分及其 逻辑关系		
时间参数确定 （可不填）	各项工作持续时间	
	时间参数	如：最早开始时间、最早完成时间、最迟开始时间、最迟完成时间、总时差、自由时差等
	关键线路和关键工作	
网络计划编制	横道图	
	网络图	
实际进度对照分析	分析方法	
	分析结果	
	调整措施	

4.2.2　本实习子单元考核标准

1. 及格：查找、阅读实习项目的施工组织设计、总进度计划、年进度计划、季度进度计划及月度进度计划等资料，掌握进度计划编制的内容和方法，能按照规定格式摘录完整、基本正确。

2. 良好：在及格的基础上，结合实习工程实际，询问实习师傅，对实习项目的各类进度计划内容提出的个人理解基本正确，并能在实习中发现质量策划文件实施的偏差，进行分析，提出修改调整意见。

3. 优秀：在询问实习师傅、指导老师，学习工程实际技术资料后，对顶岗实践工程中相关进度计划的确定理解、摘录均较完整、正确，对偏差基本能正确鉴别、分析，提出较科学合理的修改调整意见，结合工地实际工程情况和已学的知识、收集的参考资料，能自主编制。

4.2.3　思考和拓展题

1. 什么是横道图比较法、S 曲线比较法、香蕉曲线比较法、前锋线比较法，如何应用？
2. 进度计划的作用？

班组任务下达和验收

班组任务下达是指根据进度计划、施工组织设计、定额等由施工管理人员编制下达给施工班组定期、定量的工作。

4.3.1 实习步骤和要点

过程一：收集资料、对照学习

收集实习工程关于班组任务单的形式或看班组的项目包工协议书，看其是如何确定各项任务名称、内容、范围和界线及各单位的消耗（费用、材料、机械、人工等），协议中的消耗和定额消耗的关系，查找所学过的施工组织设计、工程造价等课程中如何进行工料计算，有哪些定额，如：劳动、机械台班、预算定额，各定额之间的关系是怎样的，查找教材和技术定额如何按规范来进行签发任务单，签订协议书等。

过程二：跟踪模仿、学习理解

参照表4-7，对师傅如何下达任务，师傅使用了什么样的定额、软件，用什么格式来编制班组任务，师傅和现场作业是否同步进行了交底，是否进行了工料的计算，是否制定了奖罚制度且兑现，是否对工期、质量情况进行了验收，以及本人对这些如何理解，将自己的困惑向实习师傅、指导老师进行咨询的情况和自己的操作设想等进行记录。

过程三：自主下达和验收班组任务

在经过学习思考和设想的基础上可参考表4-8，进行班组任务的安排、下达和验收。

1. 任务的确定：主要可分为泥工班组、木工班组、抹灰班组、钢筋班组、架子工班组等，根据实际进度需求，确定各班组的任务目标。

2. 工程量、消耗清单等计量计价：根据图纸、招投标文件、联系单、定额等依据确定各班组的工程量。

3. 进度计划计算：根据合同要求、时间定额、施工组织设计、进度计划等确定任务的完成时间。

4. 质量、安全交底：对在规定时间内需完成的任务做相关质量要求和安全交底，确保工程任务合格并顺利完成。

5. 完工验收：对应"计量、计价"工料、质量、安全等计划指标的完成情况和时限检查、验收。

班组任务跟踪学习用表　　　　　　　　　　　　　　　　表4-7

了解项目	师傅的做法记录	个人理解、询问和设想
现场班组任务 下达格式	(1) 包工协议书，(2) 任务单，(3) 口头指令，(4) 其他 记录：	
签发任务单或签订 包工合同的依据	(1) 施工图，(2) 预算，(3) 定额口径，(4) 其他 记录：	
质量、安全交底 内容或情况	记录：	
工程量的 计算方法	(1) 清单，(2) 实量，(3) 按图算，(4) 其他 记录：	
实际完成情况	记录：	
师傅如何 进行验收	记录：	

表 4-8

班 组 任 务 单

任务名称	质量安全交底	工程量	定额或依据	计划消耗	计划进度	实际消耗	实际进度	验收情况	验收确认
			(时间)						施工员：
			(人工)						
			(机具)						
			(料1)						材料员：
			(料2)						
			(时间)						施工员：
			(人工)						
			(机具)						
			(料1)						材料员：
			(料2)						
			(时间)						施工员：
			(人工)						
			(机具)						
			(料1)						材料员：
			(料2)						

计划确认	施工员	质量员	安全员	材料员	项目经理	验收结算确认	质量员： 安全员： 班组： 项目经理：

4.3.2　本实习子单元考核标准

1. 及格：查找、阅读实习项目的班组任务或包工计划等资料，掌握其编制的内容和方法，能按照规定格式摘录完整、基本正确。

2. 良好：在及格的基础上，结合实习工程实际，询问实习师傅，对实习项目的班组任务或包工计划内容提出的个人理解基本正确，并能在实习中发现质量策划文件实施的偏差、进行分析、提出修改调整意见。

3. 优秀：在询问实习师傅、指导老师，学习工程实际技术资料后，对顶岗实践工程中相关班组任务或包工计划的确定理解、摘录均较完整、正确，对偏差基本能正确鉴别、分析，提出较科学合理的修改调整意见，结合工地实际工程情况和已学的知识、收集的参考资料，能自主编制。

4.3.3　思考和拓展题

1. 班组任务单有什么作用？
2. 班组任务单的形式和种类？

师　傅　说

1. 搞施工，要有工作项分解的基础，它不仅在排计划时要用，在管理、控制、问题分析、成本分析等方面，围绕施工的各种管理工作其实都要从工作项分解入手。

2. 下达任务就要说清楚具体的任务，不能模棱两可，要督促班组按时完成任务，必要时也需要鼓励，使大家的速度快一点。但在赶工的时候要提醒他们做好安全防护工作。

3. 学校出来的年轻人没有施工经验，无法凭经验判断主导工作、关键工序。但是如果用网络计划软件就可以轻易、准确得到，很方便。所以，学生要扬长避短，用年轻人容易掌握的方法来解决困难。

4. 要让班组心悦诚服地听你的话、接受任务、认真完成，就要求管理人员熟悉验收规范，要加强项目部和班组工人的沟通和联系。这样，对班组的管理工作效果会极大改善。

施工质量安全管理顶岗实习

知识目标：

1. 掌握质量、安全检查验收的基本知识。

2. 熟悉常见施工质量通病的防治知识和危险源的基本知识。

3. 了解施工质量管理、环境与职业健康安全管理的基本知识。

技能目标：

1. 能识别、分析、处理施工质量缺陷和施工危险源。

2. 能确定施工质量控制点，参与编制质量控制文件；能确定施工安全防范重点，实施安全和环境交底。

3. 能进行质量和安全的检查与验收。

在工地现场，项目工程的施工质量、安全管理是工程管理的重点，其任务重，持续时间长，是学生常见的实习任务。由于学生对技术问题和社会了解较少，对质量缺陷整改，安全隐患纠正等的管理工作难度较大。因此，本单元是学生实习的难点。

质量缺陷和危险源识别

首先应熟悉工程施工质量通病和危险源，以及它们的防范措施，这样在施工质量、安全管理工作展开时，才会思路清晰，对症下药。

5.1.1 实习步骤和要点

过程一：收集资料、对照学习

1. 在实习工程现场收集"质量缺陷和危险源识别、分析和处理"文件，认真研读，了解实习工程的相应施工内容的"质量缺陷和危险源识别"表达的内容、方法、数量等。一般"质量缺陷的识别"，通常是指"质量通病的识别"。

2. 重温建筑施工技术、组织管理等课程，在网上或实习企业查找相关质量缺陷和危险源管理样本资料等进一步对照学习。

3. 对照实习工地的施工部位，针对性学习学校的组织管理课程中的风险管理、施工技术课程中的质量缺陷、安全技术管理课程中的危险源分析等内容，分别参照表5-1、表5-2，将质量缺陷的现象、产生的原因、预防的措施、处理方法和危险源的部位、可能导致的问题、风险级别、管控方式等梳理出来。

实习项目质量通病收集表 表5-1

质量缺陷	部位、现象	原因分析	预防措施	处理方法

实习项目危险源收集表 表5-2

作业活动部位	危险源	可能导致的事故	风险级别 （一般、中等、重大）	管控方式 （运行控制、制定管理方案、制定应急预案）

过程二：跟踪模仿、学习理解

1. 在施工质量和安全检查验收后，跟随师傅参与处理施工质量缺陷和安全隐患，了解师傅处理质量安全问题的依据资料、利用工具（软件）、方法、原因等。

2. 结合样本，模仿师傅的做法，尝试自己动手处理类似施工质量缺陷、安全隐患，并形成文件资料。

3. 将自己在处理质量缺陷和安全隐患中碰到的困难，对照学习中无法理解或解决的问题，向指导老师、实习师傅请教，寻求解答，加深理解。

过程三：自主处理施工质量缺陷和安全隐患

1. 分析施工质量缺陷、安全隐患原因。根据施工质量检查、安全检查验收，列出全部施工质量缺陷、安全隐患，并分析产生的原因。从人、料、机、法、环五个方面进行分析，明晰哪些是系统原因，哪些是偶然因素等。

2. 由原因找处理方法。查找资料，了解质量缺陷和安全隐患的处理方法。结合实习工程具体情况，确定较为有效的处理方法。

3. 预控措施。根据施工过程中质量和安全的检查验收及不合格部位的处理，在后续的施工中提出整改措施，包括技术措施、组织措施和经济措施等。

4. 将质量缺陷或危险源的分析、预防、处理、改进等内容，分别可参照表5-3、表5-4记录下来。

质量问题分析对策用表   表5-3

质量通病	原因分析 （五要素等）	处理 （整改、返工）	预防 （技术、组织、经济措施）	持续改进 （改进和创新）
实习师傅、指导老师的意见记录				

危险源处理预防用表　　　　　　表 5 - 4

危险源	分析 （人的不安全行为、物的 不安全状态等）	处理方法 （教育、整改、停工）	预防措施 （技术、组织、经济措施）	持续改进 （改进内容）
实习师傅、指导 老师意见				

5.1.2　本实习子单元考核标准

1. 及格：查找、阅读实习项目的施工质量缺陷处理文件、安全隐患整改文件，掌握常见施工质量缺陷处理方法，能识别分项工程危险源，能按照规定格式填写完整、基本正确。

2. 良好：在及格的基础上，结合实习工程实际，询问实习师傅，对实习项目的施工质量缺陷处理提出修改调整意见或对安全隐患原因、整改措施提出修改意见。

3. 优秀：在询问实习师傅、指导老师，结合工程实际技术资料后，对顶岗工程施工质量缺陷原因基本能正确鉴别、分析，对质量缺陷处理方式提出较科学合理的修改调整意见，结合工地实际工程情况和已学的知识、收集的参考资料，能自主根据安全隐患提出施工安全整改措施和意见。

5.1.3　思考和拓展题

1. 确定施工质量缺陷处理方法的原则是什么？

2. 如何预防施工质量缺陷反复出现？偶然因素导致的质量缺陷怎样预防？

3. 建筑工程施工现场安全管理的内容有哪些？

4. 自主处理完质量缺陷问题和安全隐患问题，有哪些感受？在现场应如何进行质量和安全管理？

5. 通过网络或查阅资料，了解鱼刺图在工程施工质量、危险源辨析中的应用。

质量和安全管理点确定

质量控制点是指质量活动过程中需要进行重点控制的对象或实体，它具有动态特性。具体地说，是生产现场或服务现场在一定的时间内、一定的条件下对需要重点控制的质量特性、关键部位、薄弱环节以及主导因素等采取特殊的管理措施和方法，实行强化管理，使工序处于良好控制状态，保证达到规定的质量要求。

施工阶段的质量控制是指施工作业技术活动的投入与产出过程的质量控制，其内涵包括全过程施工生产及其中分部分项工程的施工作业过程。目前的施工技术和管理水平，质量控制点一般有大体积混凝土、防水工程、主体工程、保温节能工程和幕墙等装饰工程。

安全管理点是指在全过程的施工现场中，对安全控制的关键部位、薄弱环节需要采取特殊管理措施的环节和部位。一般有基坑支护和降水、土方开挖、模板安装和拆除、脚手架搭设和拆除、塔吊和物料提升机搭设和拆除、临时用电和起重吊装等。

在工程实施前，应按项目管理规范和工程实际情况编制工程质量策划文件，确定施工质量控制点和施工安全防范重点，并在工程实施中进行质量和安全交底，对施工过程中的质量问题和缺陷有相应的处理措施。

5.2.1 实习步骤和要点

过程一：收集资料、对照学习

1. 在实习工程现场收集"质量专项方案"和"安全专项方案"等技术资料，认真研读，了解实习工程的质量和安全控制文件中质量控制点和安全管理点的内容和表现形式。

2. 重温施工组织与管理、建筑施工技术、建筑安全技术与管理等课程，在网上或实习企业查找相关工程质量专项方案、安全专项方案的样本资料、项目管理规范等，进一步对照学习，并参照表 5-5、表 5-6 梳理出质量控制点、安全管理点。

3. 对照在学校所学的施工组织管理、施工技术和安全技术管理等内容，找出差距和问题，分析、思考是实际情况不同（政策、规范、项目、气候环境等），还是理解不到位。

4. 实习项目若是建筑业新技术应用示范工程、绿色施工示范工程、争创鲁班奖工程，建议还应学习下列文件：《建设部建筑业新技术应用示范工程管理办法》（建质【2002】173 号）、《关于开展第六批"全国建筑业新技术应用示范工程"申报工作的通知》（建办质函【2007】157 号）、《绿色施工导则》、《关于印发＜中国建设工程鲁班奖（国家优质工程）评选办法＞的通知》（建协［2008］17 号）、《中国建设工程鲁班奖（国家优质工程）评选工作细则（试行）》。

质量控制点确定学习用表 表 5-5

控制点部位／控制点分析	大体积混凝土	防水工程	主体工程	保温节能	幕墙装修	其他
工程相应特点						
质量预控清单						
见证点						
取样点						

安全管理点学习用表 表 5-6

防范点部位／控制点分析	基坑支护和降水	土方开挖	模板安装和拆除	脚手架搭设和拆除	塔吊和物料提升机搭设和拆除	临时用电和起重吊装	其他
工程相应特点							
安全管理点清单							
设置安全预控点							
设置原因							

过程二：跟踪模仿、学习理解

1. 跟随师傅参与施工质量控制点和安全管理点的确定，了解师傅确定控制点的工作顺序、依据资料、利用工具（软件）等。

2. 结合样本，模仿师傅的做法，尝试自己动手确定项目相似部分内容的质量控制点和安全管理点。

3. 将自己在编制中碰到的困难，对照学习中无法理解或解决的问题，向指导老师、实习师傅请教，寻求解答，加深理解。

过程三：自主确定质量控制点和安全管理点

1. 阅读现场项目招标文件、施工组织设计、合同等技术资料，进行质量策划，确定质量目标。如合同文件明确"国家优质工程（鲁班奖）"等创杯要求，可向师傅、同事等询问，获得相关信息后进行完善。

2. 分析工程具体实施条件，从工程环境（气候因素、地质条件、政策因素等），施工操作单位的特点、优势等，材料采购，施工机械，施工方案总体设计等考虑，从中遴选质量控制点和安全管理点。

3. 根据质量目标，结合工程环境等因素确定质量控制措施、质量控制重点、难点及安全管理的重点等。自主编写时，可以通过观察、询问已完工程和类似工程发生的问题、与目标的偏差，结合具体情况，一般的质量点也可以变为质量控制的重点，一般的安全隐患点可以转变为安全管理控制点。

4. 参照表5-7编制工程质量控制点，并确定检测方法、纠偏措施。结合实习工程情况，向实习师傅、指导老师询问，解决实施中存在的问题或困惑。

5. 参照表5-8编制安全管理点，确定防范措施，并向师傅、老师请教，逐步提高完善。

质量控制点设置和实施用表 表5-7

工程概况	质量控制点的设置	检查结果	纠偏措施的采取	设置控制点、实施控制的问题和困惑	师傅、老师解答记录

安全管理点设置和实施用表 表5-8

工程概况、特点	设置安全管理点	安全防范措施	师傅、老师的建议记录

5.2.2 本实习子单元考核标准

1. 及格：查找、阅读实习项目的质量专项方案、安全专项方案，掌握质量和安全专项方案内容和表现形式，能按照规定格式摘录质量控制点和安全管理点，完整、基本正确。

2. 良好：在及格的基础上，结合实习工程实际，询问实习师傅，对实习项目的质量专项方案和安全专项方案提出的个人理解基本正确，并能在实习中发现预控点实施的偏差，进行分析，提出修改调整意见。

3. 优秀：在良好的基础上，质量控制点、安全管理点设置正确，并能有效控制、及时纠偏。

5.2.3 思考和拓展题

1. 确定质量控制点的原则是什么？

2. 质量交底包含哪些内容？

3. 主体钢筋混凝土施工的质量通病有哪些？相应的处理方法是什么？

4. 当地一般房屋建筑工程的安全管理点有哪些？

5. 安全交底包含哪些内容？外脚手架应如何进行安全交底？

6. 绿色建筑、绿色施工与现行施工有哪些区别？

施工质量和安全检验

施工现场的质量和安全控制点的确认可以理解为事前控制，而现场的施工质量和安全检查验收是事中和事后控制。

施工质量检查与验收是施工项目实施过程中重要的技术活动，是体现全面质量管理的重要内容，也是施工单位进行经济考核的主要内容，更是体现施工过程控制的重要手段。建筑工程施工质量检查与验收可分为检验批质量检查与验收、分项工程质量检查与验收、分部（子分部）工程质量检查与验收和单位（子单位）工程质量检查与验收。

建筑工程施工质量检查与验收主要是指建筑工程的实体质量，包括质量验收单位的各主控项目和一般项目、施工操作依据、质量检查记录、主要功能项目的抽查及观感质量等。质量检查的主要方法有：目测法、量测法和实验法等。

建筑工程安全检查是施工现场管理的重要组成部分，包括安全生产必需的组织结构、规章制度、安全用品和设施、分项工程安全检查与验收等内容。

5.3.1 实习步骤和要点

过程一：收集资料、对照学习

1. 在实习工程现场收集各分部分项的"检验批质量验收记录表"、"分项工程安全检查与验收表"，认真研读，了解实习工程施工质量检查的内容、方法、数量、工具和合格标准等；了解实习工程施工安全检查与验收的项目、方法、验收等级标准等。

2. 重温建筑施工技术、质量与安全管理、工程资料管理等课程，在网上或实习企业查找相关质量验收、安全检查的样本资料、质量安全验收规范、相关法规等学习理解。

3. 对照所学，找出差异和问题，分析、思考施工质量检查与验收的依据、内容、方法、数量、合格标准等。

过程二：跟踪模仿、学习理解

1. 跟随师傅参与施工质量和安全的检查与验收，了解师傅施工质量和安全检查与验收的工作顺序、依据资料、利用工具（软件等）、方法等。

2. 结合样本，模仿师傅的做法，尝试自己动手检查类似施工质量、施工安全并填写施工质量验收记录表、安全检查验收表。

3. 将自己在检查与验收中碰到的困难，对照学习中无法理解或解决的问题，向指导老师、实习师傅请教，寻求解答，加深理解。

4. 参照表5-9、表5-10的内容和格式，将过程一和过程二学习和观摩的内容、思考、困惑的询问等记录在表内。

质量检查跟踪学习用表   表5-9

工程形象进度	验收部位或内容	检查方法和依据	检查用工具和依据	检查数量和依据	验收合格标准和资料	不合格项师傅处理和规范规定等

实习项目安全检查学习用表   表5-10

工程形象进度	验收部位或内容	检查方法和依据	验收合格标准和资料	安全问题的师傅处理和规范规定	思考、困惑询问记录等

过程三：自主检查与验收施工质量、施工安全

1. 研读图纸、熟悉规范。仔细研读实习工程图纸、施工组织设计、施工方案及技术交底，了解实习工程各分部分项工程的施工内容、施工流程，以及施工原材料、施工机械、施工方法，并查阅《建筑工程施工质量验收统一标准》（GB 50300—2013）和相应的施工质量验收规范。明确质量检查的内容、数量、方法及合格标准。

查阅《建筑施工安全检查标准》（JGJ 59—2011），了解现阶段安全检查的内容、检查项目、方法及合格要求。

2. 准备质量与安全检查、验收工具和用表。用合适的工具、方法进行施工质量检查，取得检查原始数据。根据现场原始检查数据，形成相应的验收资料，施工记录、施工质量验收记录表及其他资料。

用相应的工具、方法进行施工安全检查，取得检查原始数据，形成相应的安全检查记录和

相关资料。

3. 合格判定。根据合格标准和检查资料，判定检查结果。如不合格，则确定不合格的处理方法。

4. 不合格的处理。质量检查验收发现不合格的质量缺陷，确定补救措施；如是质量事故，按一般的处理程序和方法进行。安全检查发现不安全的状态，提出整改措施。

5. 可参照表 5-11、表 5-12 开展相应的质量、安全检查验收工作。

质量检查用表   表 5-11

检查部位	检查内容	检查依据	检查用表	检查成果	合格判定	不合格处理措施

安全检查用表   表 5-12

检查内容	检查依据	检查用表	检查成果	合格判定	不合格处理措施

5.3.2 本实习子单元考核标准

1. 及格：查找、阅读实习项目的施工质量检查与验收记录表、分项工程安全检查验收表，掌握检查的内容和方法，能按照规定格式填写完整、基本正确。

2. 良好：在及格的基础上，结合实习工程实际，询问实习师傅，对实习项目的施工质量、安全的检查与验收和处理提出自己的完善意见。

3. 优秀：在良好的基础上能自主进行施工质量或安全检查与验收，并对存在的问题提出自己的处置意见。

5.3.3 思考和拓展题

1. 建筑工程施工质量检查与验收在工程中实际起到了什么作用？

2. 建筑工程施工质量检查与验收一般用哪些工具？哪些检查方法？

3. 分项工程安全检查验收与安全管理的关系？

4. 列出实习工程的安全检查验收的分项清单。

5. 列出实习工程危险性较大的分部分项工程清单。

6. 讨论质量缺陷补救的技术措施、组织措施、经济措施。

7. 讨论"安全四不放过"、"三级安全教育"在安全管理中的作用。

师 傅 说

1. 要多看图纸和规范，相关内容一定要看懂并且熟悉，在施工单位施工时，认真检查工程施工质量，要理论联系实际。

2. 在施工过程中，要细致观察各工种的施工，记录施工工艺，在其完成后，对照规范进行质量验收，不合格的重新来过。

3. 对于不懂的地方及时弄清，特别要关注细节问题，例如钢筋的搭接长度、锚固长度、保护层等。

4. 安全检查一定要认真、仔细，对发现的安全隐患一定要严肃、及时、彻底处理，切忌侥幸、偷懒。

施工信息资料管理顶岗实习

知识目标：

1. 掌握工程资料编制、整理、保管、检索和使用的方法。

2. 熟悉建筑材料的基本知识和调研、鉴别方法。

3. 了解计算机和相关资料信息管理软件的应用知识。

技能目标：

1. 能记录施工情况，编制相关工程技术资料。

2. 能利用专业软件对工程信息资料进行处理。

3. 能进行工程材料的市场调研。

通过本单元的实习，使学生在工作中体会并能独立进行工程资料的收集编制、整理检索、组卷归档；让学生了解工程软件，懂得在工作实践中的应用；学会进行建筑材料的市场调研。

工程资料管理

由于各单位工作依据和成果的相互关联，在工程实施过程中，各方均应根据自身工作的需求，对施工信息资料按照相关的标准、规定等进行编制、收集和保存，应便于检索和利用。

6.1.1 实习步骤和要点

过程一：收集资料、对照学习

根据表 6-1，结合实际工程进度，收集相关阶段工程资料（部分未全部提示的可参照工程资料管理教材），并对照学校所学及理解分析差异，了解相关资料的来源、作用，了解在施工过程中如何进行分类归档和检索。

过程二：跟踪模仿、学习理解

跟随工地指导师傅学习工程技术资料的收集、编制、过程管理及归档，根据工程实际进度，观摩师傅需收集和编制哪些工程资料，相关资料编制的来源、依据、内容、方法、要求及所使用的工具、辅助软件等，最终形成的成果及如何进行过程资料的管理；对于竣工收尾阶段的工程，可观摩师傅对工程技术资料归档的方法、要求，所使用的工具等，分析师傅编制、归档所形成的成果资料。

工程资料收集提示表　　　　　　　　　表 6-1

收集的资料名称		提供找到相关资料的证明，如复印件、照片或扫描件等	与学校所学的差异并分析理由
实施依据文件	资证		
	合同		
	施工图		
	地质勘察报告		
	审图纪要		
	联系单		
	……		

续表

收集的资料名称		提供找到相关资料的证明，如复印件、照片或扫描件等	与学校所学的差异并分析理由
质量证明文件	型式检验报告		
	出厂合格证		
	出厂检验报告		
	……		
施工试验记录	原材复试报告		
	钢筋焊接报告		
	混凝土试块报告		
	水泥检测报告		
	砂浆试块报告		
	实体检测报告		
	……		
施工记录	定位测量		
	技术复核		
	验槽记录		
	隐检记录		
	……		
安全及功能检验	沉降观测记录		
	建筑物垂直度、标高、全高测量记录		
	屋面淋水记录		
	室内环境检测报告		
	……		

收集的资料名称		提供找到相关资料的证明，如复印件、照片或扫描件等	与学校所学的差异并分析理由
工程施工验收资料	竣工图		
	单项工程验收记录		
	单位（子单位）工程竣工验收资料		
	分部（子分部）工程竣工验收资料		
	分项工程验收资料		
	检验批验收资料		
	……		

工程资料管理跟踪学习用表　　　　　　　　　　　　　　　　表 6-2

资料名称	
来源	
编制依据	
编制内容	
所使用工具	
形成成果	
如何归类	
与所理解有何偏差	

过程三：自主管理工程信息资料

1. 资料收集：主要包括所施工部位的质保资料和相应的检测报告，如原材料出厂合格证明、复检报告、钢筋焊接报告、试块报告、实体检测报告（如静载、动测、混凝土强度回弹、钢筋保护层厚度）等。

2. 资料编制

（1）质量类：一个完整的单位工程应包括依据性文件、质量证明文件、施工试验记录、施工记录、安全和功能检验资料和施工验收资料，各类质量资料的编制应以已审批合格的文件、规范、标准、合同、设计文件等为依据，随工程进度及时填写、收集、整理，确保真实可靠、准确、齐全，字迹书写清楚，有关责任方按规定签字盖章，不得涂改、伪造。

（2）安全类：按施工进度编制安全技术资料，内容应准确真实、项目齐全、手续完备、字迹工整清晰，并应认真及时归纳、分类。安全类资料主要包括：施工现场安全管理基础工作检查记录；机具、安全防护用品合格证、试验、检测、验收报审；施工设施、设备防护设置及规范情况；安全检查记录等（即"十二本安全台账"）。

（3）监理类：监理资料主要包括监理合同、监理规划、会议纪要、监理通知、监理工作总结、报告、监理日志，根据工程实际的进度情况，各监理资料应真实反映工程的质量、安全、投资等情况。

3. 资料的过程管理

为了使施工过程中资料能够迅速检索、有效传递，应做好各类资料的过程管理。根据实习单位或现场师傅的分类方法，自行整理若干册本施工段的资料。在参考标准不太明确或缺少时，可参照表6-3或表6-4的内容，按照表6-5～表6-7的格式，来进行过程整理、保存和检索利用。

施工资料日常整理分类名录　　　　　　　　　　　表 6-3

类别	子目	案卷名		归档要求
		细目	文件或附件	
1 施工资料	1.1 实施依据文件	1.1.1 资证	施工单位营业执照、企业资质证书、安全生产许可证	原件
		1.1.2 合同	施工合同、招标文件、技术标、商务标	原件
		1.1.3 施工图	施工图、地质勘察报告、审图纪要、联系单	原件
	1.2 施工技术资料	1.2.1 原材质量证明文件及复试报告	钢筋、水泥、砂、石子、混凝土、砂浆、砖、砌块、构配件、焊接材料、防水材料、外加剂、门窗、玻璃、节能保温材料、防火材料、涂料、幕墙材料、安装材料、其他（汇总表、出厂证明、复试试验报告）	原件
		1.2.2 预制构件质量证明文件及试验记录	预制桩、预制板	原件
		1.2.3 配合比	混凝土、砂浆	原件
		1.2.4 试块报告及强度评定	混凝土试块、砂浆试块	原件
		1.2.5 钢筋连接	焊接、机械连接	原件
		1.2.6 实体试验报告	植筋拉拔试验、桩基静载、桩基动测、钢筋保护层厚度、构件实体回弹、钻芯试验、门窗现场物理性能检验	原件

类别	子目	案卷名		归档要求
		细 目	文件或附件	
1 施工资料	1.3 施工记录	1.3.1 建筑测量	定位、技术复核、沉降观测记录、建筑物垂直度、标高、全高测量记录、外墙大角倾斜记录、基坑变形监测	原件
		1.3.2 验槽记录		原件
		1.3.3 隐检记录		原件
		1.3.4 现场施工预应力记录		原件
		1.3.5 淋、蓄水试验记录	屋面、厕浴室、厨房、水箱等	原件
		1.3.6 室内环境检测报告		原件
	1.4 工程施工验收资料	1.4.1 竣工图		原件
		1.4.2 单项工程验收记录		原件
		1.4.3 单位（子单位）工程竣工验收资料		原件
		1.4.4 分部（子分部）工程竣工验收资料	地基与基础，主体结构，建筑装饰装修，建筑屋面，建筑给水排水，建筑电气，智能建筑，通风与空调，电梯，建筑节能	原件
		1.4.5 分项工程验收资料		原件
		1.4.6 检验批验收资料		原件
	1.5 其他	1.5.1 进度计划		
		1.5.2 分包资料		
		1.5.3 工程款		

监理资料日常整理分类名录　　　　　　　　　　　　　　表 6-4

类别	子目	案卷名		归档要求
		细 目	文件或附件	
2 监理资料	1.1 监理合同	1.1.1 监理合同	经备案的监理合同、中标通知书	复印件
		1.1.2 监理单位资证	资质证书、营业执照、外地进地区备案登记表	复印件
		1.1.3 项目监理部组织机构	项目监理机构人员登记表（"人员名单"，可用"备案表"的格式）及岗位证书复印件	原件
		1.1.4 授权书	总监理工程师、见证员授权书（含"变更函"）	复印件

类别	子目	案卷名		归档要求
		细目	文件或附件	
2 监理资料	1.2 监理规划	1.2.1 监理规划		原件
		1.2.2 安全监管规划		原件
		1.2.3 旁站监理方案		原件
		1.2.4 见证取样和送检计划		原件
		1.2.5 监理细则	测量放线、桩基、挖土支护、基础结构、主体结构、装饰、保温节能、屋面、防水、钢结构、安装工程、其他专项工程、进度控制、投资控制、合同管理、信息管理和组织协调	原件
	1.3 会议纪要	1.3.1 第一次工地会议	含"参建单位、人员名单、联系方式"	原件
		1.3.2 其他会议		原件
		1.3.3 监理例会		原件
	1.4 监理通知	1.4.1 监理通知及回复		原件
		1.4.2 联系单及回复		原件
		1.4.3 缺陷及处置汇总表		原件
	1.5 监理工作总结、报告	1.5.1 专题报告（总结）		原件
		1.5.2 质量评价意见报告	基础、主体、防水、安装、其他专项工程质量评估报告和单位工程竣工质量评估报告	原件
		1.5.3 竣工总结		原件
		1.5.4 月报（总结）		原件
	1.6 竣工验收资料	1.6.1 竣工验收报告	各责任主体（建设、设计、勘察、监理、施工）	原件
		1.6.2 工程竣工验收记录表		原件
		1.6.3 单位工程质量竣工验收记录	单位（子单位）工程质量竣工验收记录、质量控制资料核查表、安全和功能检验资料核查及主要功能抽查记录、观感质量检查记录	原件
		1.6.4 行业主管部门验收意见	质监、消防、人防、规划、市政、环卫、园林绿化、煤气、有线电视、自来水、电力局、弱电技监局、电梯	复印件
		1.6.5 其他	业务手册、备案表	原件
	1.7 监理日志	1.7.1 项目监理日志		原件
		1.7.2 各岗位监理日志		原件
		1.7.3 总监巡视记录		原件
		1.7.4 旁站记录		原件

外封面（A5，贴在档案盒的方框内，封面宜根据盒中内容调整及时变更）　　　表6-5

<u>　　　　　　　　　　　　　　　　　　</u>项 目 施 工（监 理）资 料

类　别：<u>　　　　　　　　　　　　　　</u>

子　目：<u>（"编号及子目"）　　　</u>

案卷名：<u>（"编号及细目"）　　　</u>

　　　　　　　<u>（"自编号及文件或附件"）</u>

　　　　　　　　　　<u>（"自编号及文件或附件"下一级"资料名"）</u>

　　　　　　　<u>（"自编号及文件或附件"）</u>

　　　　　　　　　　<u>（"自编号及文件或附件"下一级"资料名"）</u>

　　　　　　　<u>（"自编号及文件或附件"）</u>

　　　　　　　　　　<u>（"自编号及文件或附件"下一级"资料名"）</u>

　　　　　　　<u>（"自编号及文件或附件"）</u>

　　　　　　　　　　<u>（"自编号及文件或附件"下一级"资料名"）</u>

　　　　　<u>（"编号及细目"）　　　</u>

　　　　　　　<u>（"自编号及文件或附件"）</u>

　　　　　　　　　　<u>（"自编号及文件或附件"下一级"资料名"）</u>

　　　　　　　<u>（"自编号及文件或附件"）</u>

　　　　　　　　　　<u>（"自编号及文件或附件"下一级"资料名"）</u>

　　　　　　　<u>（"自编号及文件或附件"）</u>

　　　　　　　　　　<u>（"自编号及文件或附件"下一级"资料名"）</u>

　　　　　　　<u>（"自编号及文件或附件"）</u>

　　　　　　　　　　<u>（"自编号及文件或附件"下一级"资料名"）</u>

　　　　　<u>（"编号及细目"）　　　</u>

　　　　　　　<u>（"自编号及文件或附件"）</u>

　　　　　　　　　　<u>（"自编号及文件或附件"下一级"资料名"）</u>

　　　　　　　<u>（"自编号及文件或附件"）</u>

　　　　　　　　　　<u>（"自编号及文件或附件"下一级"资料名"）</u>

　　　　　　　<u>（"自编号及文件或附件"）</u>

　　　　　　　　　　<u>（"自编号及文件或附件"下一级"资料名"）</u>

　　　　　　　<u>（"自编号及文件或附件"）</u>

　　　　　　　　　　<u>（"自编号及文件或附件"下一级"资料名"）</u>

　　　　第<u>　　</u>（同级"细目及标号"内的"文件或附件"的案卷序号）卷

本卷文件起止日期:20<u>　</u>年<u>　</u>月<u>　</u>日~20<u>　</u>年<u>　</u>月<u>　</u>日

<u>　　　　　　　　　　　　　　　　</u>公　司

内封面(A3,将"文件或附件"夹入其中,其封面宜根据夹中内容调整及时变更)　　表6-6

　　　　　　　　　　　　　　　　　　　　　　　项目施工(监理)资料

类　别：＿＿＿＿＿＿＿＿＿＿＿＿＿＿＿＿＿

子　目：　("编号及子目")

案卷名：　("编号及细目")

　　　　　　　("自编号及文件或附件")

　　　　　　　　　("自编号及文件或附件"下一级"资料名")

第＿("同级"细目及标号"内的"文件或附件"的案卷序号)卷

本卷文件起止日期:20　　年　　月　　日~20　　年　　月　　日

＿＿＿＿＿＿＿＿＿＿＿＿＿＿＿＿公司

案卷脊背　表6-7

工程名称
编号及案卷类别
编号及案卷子目
编号及案卷细目
编号及案卷细目
编号及案卷细目
编号及案卷细目
编号及案卷细目

4. 资料的组卷归档：

（1）对照《建设工程文件归档整理规范》（GB/T 50328—2001）附录 A 的目录，分别找出与本单位对应的资料，并依次整理排列。

（2）编制"缺失资料清单"，记录并标记所缺资料的名称、数量和所在文件的位置。

（3）找齐所缺资料并按标注位置及时加入文件中，并从"缺失资料清单"中勾除。

（4）把基本齐全的文件按照各类资料的内容、次序、厚薄和《建设工程文件归档整理规范》（GB/T 50328—2001）立卷的原则和方法，初步确定各案卷，卷内文件按规范要求排列。

（5）按照各案卷内容和《建设工程文件归档整理规范》（GB/T 50328—2001）编目要求，编制卷内目录和卷内备考表，制作卷夹和档案盒，组卷完成后通常用燕尾夹临时固定。

（6）将临时固定的文件送档案管理部门预审，并对审核中提出的问题进行整改完善。

（7）在通过审核后，进行档案的装订、装盒、编号等，办理档案的移交归档。

6.1.2　本实习子单元考核标准

1. 及格：查找、阅读实习项目的前期文件、监理文件、施工文件、竣工文件、竣工图等资料，掌握其收集、编制、过程的管理、归档的内容和方法，能按照规定格式摘录完整、基本正确。

2. 良好：在及格的基础上，结合实习工程实际，询问实习师傅，对实习项目的各类资料提出的个人理解基本正确，并能在实习中发现质量策划文件实施的偏差，进行分析，提出修改调整意见。

3. 优秀：在良好的基础上，对顶岗实践工程中相关资料的确定理解正确、摘录均较完整、正确，对偏差基本能正确鉴别、分析，提出较科学合理的修改调整意见，结合工地实际工程情况和已学的知识、收集的参考资料，能自主编制工程技术资料。

6.1.3　思考和拓展题

1. 施工信息资料管理的作用？

2. 信息管理是什么？如何发挥其作用？

3. 资料在各施工阶段的整理方式有何区别？为什么？

工程软件应用

在信息技术应用于现代工程的今天，工程软件从进行工程方案编制、工程量计算、资料编制以及设计、制图等工作的辅助工具，进化为工程技术的基本手段和方法，其应用是从业人员必须掌握的基本技能之一。

6.2.1 实习步骤和要点

过程一：收集资料、对照学习

收集实习工程现场有哪些关于资料编制的软件，如"office 办公软件"、"施工资料制作与管理软件"、"施工安全设施计算软件"、"工程量计算软件"、"智能网络计划编制与管理软件"、"施工现场平面图绘制软件"、"PKPM"、"AutoCAD 制图软件"、"自动化办公软件"等，了解其使用方法，在工程中的实际应用。

过程二：跟踪模仿、学习理解

观察师傅编制资料所使用软件的名称、功能及使用步骤，如何进行资料的建档、填写、汇总、输出及形成的成果资料，跟随师傅学习使用。

过程三：自主应用工程资料软件

1. 通过查找说明或询问，了解"一般办公 office 软件"、"专项方案编制和验算软件"、"工程资料管理软件"、"施工进度网络控制"、"工程计量和计价软件"、"办公自动化软件"在工程中的使用方法、作用。

2. 根据现场实际进度，用相关软件进行工程资料建档，编制当前进度的各种施工资料（如专项施工方案、进度计划、施工过程资料等）。按照实习单位要求，通过企业信息化管理平台，进行信息交互传递、应用，开展日常工作。

3. 参照表6-8，将工程中常用的软件、功能、适用范围以及使用方法等一一理清、搞懂、掌握，并熟练使用。

6.2.2 本实习子单元考核标准

1. 及格：查找、阅读实习项目所使用的软件，掌握其使用方法、作用，能按照规定格式摘录完整、基本正确。

2. 良好：在及格的基础上，结合实习工程实际，在实习师傅帮助下，能编制资料。

3. 优秀：在良好的基础上，结合工程实际工程情况和已学的知识、收集的参考资料，能自主应用软件编制资料。

工程软件的应用用表　　　　　　　　表6-8

现场所使用资料编制的软件	软件功能介绍	如何操作

6.2.3　思考和拓展题

1. 软件应用到底是为了什么？

2. 你用的软件有哪些不足？有哪些方面可以提高？

3. 通过软件应用实习，你如何理解数字化、信息化和智能化？

材料市场调研

材料市场调研是指运用科学的方法，有目的、有计划地收集、记录、整理、分析及研究市场各类材料信息资料、报告调研结果的工作过程。

6.3.1 实习步骤和要点

过程一：收集资料、对照学习

收集现场已有的材料调研报告及相关附件，有关材料、设备招投标的相关资料。

过程二：跟踪模仿、学习理解

通过咨询师傅或观察实习现场他人调研的背景情况，学习如何进行过滤纷杂的材料信息，收集和了解材料市场供应的情况、性能、特征，了解师傅们对材料调研的思路和取舍，师傅们对市场上材料性能普查的方法、对各类供应商的调研方法、市场价格的调研方法，了解材料价格影响因素和供应商分类的特点（厂家直销、代理商）等。

过程三：自主调研材料市场

1. 确定调研目标。

2. 市场了解、资料收集：了解所需材料在市场上的基本情况，如功能、用途、品牌、市场价、种类等。

3. 产品调研：对高中低各档次的材料进行摸底，了解所需材料的性能，价格差异的范围和影响因素，尤其是高端产品。

4. 厂家供应商调研：对供应商的特点、信誉、市场口碑和售后服务等进行调研比较。

5. 性价比分析：根据采购人的需要来选定供应商的类型，并在该类型供应商中选择具有不同特色的供应商，一般邀请不少于3家至多不超过7家，分2~3轮进行调研、报价，报价中应分析各供应商产品的性能（包括组件性能情况）、付款的方式、价格以及其他比价所关心的内容，为考虑公正和理性判断，拟在报价前先行确定各项指标的评价标准和所占权重。

6. 调研报告编制：在参照表6-9完成市场调研的基础上，编制调研报告，确定供应商。

6.3.2 本实习子单元考核标准

1. 及格：查找、阅读实习项目有关材料市场调研的资料，如调研报告、供应商的产品介绍等，掌握材料调研报告编制的内容和方法，能按照规定格式摘录完整、基本正确。

2. 良好：在及格的基础上，结合实习工程实际，询问实习师傅，对实习项目的材料调研提出个人的理解。

3. 优秀：在良好的基础上，能自主进行市场调研，编制材料调研报告。

材料市场调研用表 表6-9

所需材料名称 （目标产品）		
市场了解、资料收集	产品功能	
	用途	
	品牌	
	市场价（说明计价方式）	
	种类	
	……	
产品调研	性能	
	价格（同上）	
	价格差异	
	影响因素	
	……	
厂家供应商调研	特点	
	信誉	
	市场的口碑	
	售后的服务	
	……	
性价比分析	不同性能价格比较	
	性能相近价格比较	
	付款方式	
	……	
调研报告编制	对比分析各种材料	
	优缺点分析	
	采购建议	
	……	

6.3.3 思考和拓展题

1. 材料市场调研的作用?

2. 材料调研的方式有哪些?

师 傅 说

1. 资料多数都是一些表格加文字,要仔细,要注意资料的范围和程序,了解工程情况、施工工艺,才能更好地进行工程资料的编制与管理;用认真、严谨的工作态度去面对,才能避免资料出错。还有就是与周围的同志做好沟通,要多去施工现场,才能更好地将资料与工程实际情况联系在一起,才能使工程资料更合理、更完善。

2. 熟练使用办公软件和相关专业软件,才能节省编制资料的时间。现在这个时代,不会用计算机、不会用软件、不会用网络获取资源,就等于是文盲。

3. 对材料每隔一段时间就应进行市场调查,对材料性能、使用效果、质量标准、各地规定和价格等及时进行各方面的了解。

施工监理顶岗实习

知识目标：

1. 掌握监理文件内容、格式的规范要求，见证取样、试验的方法和要求，旁站的方法和要求，索赔、反索赔和进度款的工程计量。

2. 熟悉见证取样的材料检测、施工试验的项目，旁站的项目，计价原理。

3. 了解检测和试验的合格指标，见证、旁站的法规规定，变更、索赔和反索赔的一般处理方法。

技能目标：

1. 能自主编制各种工程监理文件。

2. 能按法规程序进行见证、旁站和结论的有效识别。

3. 能进行监理资料的收集编写、整理检索和组卷归档，能进行报审和报验资料的核对。

4. 能进行工程款、索赔原始依据的采集和申报要求的初步审核。

施工监理是指具有相应资质的工程监理企业受建设单位的委托，在建设单位授权范围内依据工程建设文件、有关法律法规和标准规范、建设工程委托监理合同和有关建设工程合同等代表建设单位对工程项目施工阶段进度、质量、投资进行控制，对施工安全进行监管，并对工程合同和信息进行管理，协调参建各方关系等一系列监督管理的专业化服务活动。当项目监理部组建完成、设施设置到位以后，项目监理部代表公司在项目部履行监理职责。

项目监理部首先应编制监理规划、细则，获批准后按照规划、细则对施工质量、进度和投资实施控制，对合同和信息进行管理，将安全管理工作纳入监理工作，并开展协调工作。在实施监理工作的同时，还应按照规范要求同步完成监理文件的收集编制、整理检索和组卷归档工作。

由于"进度控制、质量安全管理、信息资料管理"等与工程技术相同的内容分别在各相关单元内容中进行了撰述，在此不再重复。本单元主要对施工监理岗位的特定工作进行实习指导。

文件编制与资料核对

为了加强对建筑工程施工质量的控制、强化验收，应对施工过程的实施依据文件、质量证明文件、施工试验记录、施工记录、安全及功能检验、工程施工验收资料等文件进行审核、审批，以对其质量进行确认。通过实习，了解施工单位自始至终都有哪些施工技术资料要申报？作为监理应该如何对这些申报资料进行审核。编制监理文件是监理单位履行监理合同义务的一种方式，也是已经按合同履约的证明。

7.1.1 实习步骤和要点

过程一：收集资料、对照学习

1. 收集实习工程申报审核、审批资料：施工组织设计、专项施工方案、开工条件、单位和人员资证、进度计划、工程量、索赔变更等报审和审核、审批资料；原材料（材料、构配件、设备）、施工机具、工序质量等报验和验收资料，对照学校所学与施工现场的差异。

2. 收集实习工程监理文件编制工作资料：规划、细则（质量通病防治、安全、测量放线、桩基、挖土支护、基础结构、主体结构、装饰、保温节能、屋面、防水、钢结构、安装工程、其他专项工程、进度控制、投资控制、合同管理、信息管理和组织协调等）、日志、报告（月报、评估报告）、会议纪要、总结等书面资料，对照学校所学与施工现场的差异。

过程二：跟踪模仿、学习理解

1. 了解各阶段施工单位需申报的资料；工程开工、施工、竣工各阶段监理单位需编制资料，找到监理资料的编制要求和编制依据。

2. 观察师傅审核的资料名称、时间、要点、结论和不合格处置，观察审核所使用的软件和使用方法。

3. 参照师傅编制的各阶段监理资料，进行模仿练习。

4. 观察师傅在施工过程中，相关文件（如监理规划、细则）是如何实施的，在实施过程中出现偏差如何进行调整，采取了哪些调整方法。

过程三：自主核对工程申报资料

在学习、模仿的基础上，可参照表7-1的格式，依照以下具体内容和步骤来进行申报资料的核对。监理细则和其他监理资料可分别参照表7-2和表7-3进行记录。

1. 申报资料核对

（1）施工组织设计、专项施工方案核对：

1）编审程序（编制、审核、审批和用印）符合法规要求。

申报资料核对用表　　　　　　　　　　　表 7-1

申报资料名称	核查项目及标准依据	核对情况及符合性初审意见	附资料照片
	1.		
	2.		
	3.		
	4.		
	5.		
	……	……	
	1.		
	2.		
	3.		
	4.		
	5.		
	……	……	

监理细则编制用表　　　　　　　　　　　表 7-2

监理细则名称	范本内容	与实际情况比较	自主编制资料（可附件）或调整理由
编制依据			
专项工程概况、特点			
监理工作项、目标值及工作流程			
流程工作要点			
重、难点的监理方法及效果保证措施			
协调配合方案			
工作成果要求			

监理资料编制用表　　　　　　　　　　　　表 7-3

监理资料名称	标准要求	与实际比较情况	独立编制相关资料（可含附件）

2）平面布置情况，施工内容、工艺和方法，质量标准等符合设计文件、合同、标准、法律法规要求。

3）人员配备、机具选用和进度计划安排与合同约定的一致性，以及合理性、可行性。

4）对质量、安全保证措施的科学、适用、可行、经济性提出建议。

（2）开工报审资料核对：

1）根据监理规范要求核对现场"四通一平"情况是否完成，即进场道路、水、电、通信和场地平整完成。

2）建设工程规划许可证、建设工程施工许可证、测量成果报告、图纸及会审、施工合同、招标文件、技术标、商务标、施工组织设计、施工单位营业执照、企业资质证书、安全生产许可证、项目管理班子人员名单、岗位职责、岗位资格证书复印件、特殊工种上岗证等资料是否全部具备。

3）施工单位现场质量、安全生产管理体系是否建立，管理及施工人员是否已到位，施工机械是否具备使用条件，主要工程材料是否已落实。

（3）分包报审资料核对：

1）是否签订正式分包合同。

2）分包内容是否符合总包合同要求。

3）分包单位资质是否符合分包要求，营业执照、安全生产许可证是否齐全且有效。

4）分包单位能力是否能满足总包要求。

（4）原材料（材料、构配件、设备）、大型施工设备报审资料核对：

1）与设计文件拟用部位所使用材料的品种、规格、性能、数量等是否一致。

2）出厂证明文件是否齐全，证明材料是否在有效期内。

3）需复检材料是否检测并符合要求，检测报告与出厂证明文件是否一一对应。

4）机具报审与方案的相符性，其安全生产许可、出厂合格、产权登记、设备检测、准用手续等完备情况，满足合同、方案要求，安装、维修、保养情况。

（5）进度计划资料核对：

1）进度安排是否符合工程项目建设总进度计划中总目标和阶段性目标的要求，是否符合施工合同中开工、竣工日期的规定。

2）施工顺序的安排是否符合施工工艺的要求。

3）劳动力、材料、构配件、设备及施工机具、水、电等生产要素的供应计划是否能保证施工进度计划的实现，供应是否均衡，需求高峰期是否有足够能力实现计划供应。

4）总包、分包单位分别编制的各项单位工程施工进度计划之间是否协调，专业分工与计划衔接是否明确合理。

5）对于业主负责提供的施工条件（包含资金、施工图纸、施工场地、供应的物资等），在施工进度计划中安排得是否明确、合理，是否有造成因业主违约而导致工程延期和费用索赔的可能存在。

（6）工程量报审资料核对：核对上报工程量与实际完成情况是否一致，上报工程量单价等与合同、商务标、招标文件内容是否统一。

（7）索赔变更资料核对：了解实际情况、收集索赔变更相关资料，分析索赔原因（不可预见、非承包单位造成的工期或费用增加）是否符合合同索赔款项。

2. 监理文件编制

（1）监理规划（利用"范本"选编）：

根据《建设工程监理规范》（GB/T 50319—2013）的要求，监理规划一般包括"工程概况"、"监理工作的范围、内容、目标"、"监理工作依据"、"监理组织形式、人员配备及进退场计划、监理人员岗位职责"、"监理工作制度"、"工程质量控制"、"工程造价控制"、"工程进度控制"、"安全生产管理的监理工作"、"合同与信息管理"、"组织协调"、"监理工作设施"等12项内容。

为规范企业监理行为，各公司通常均制定监理规划范本，供项目选编应用。项目监理规划按范本选编的步骤、内容和要求如下：

1）编写项目概况：

①建设概况：项目名称、建设单位、地址、投资额及资金来源、建筑规模（总面积、占地面积、容积率等）、建设目的和用途、建设周期（准备阶段、施工阶段、验收交付）、对监理的特殊要求。

②设计概况：建筑（内墙、外墙、顶棚、楼地面、防水、门窗、涂料饰面、装潢、其他）、结构（地基处理、基础、主体、围护等形式，预制构件、混凝土、钢筋、型钢、砌体、砂浆等结构材料）、节能、人防、水电等设备、消防、相关参数。

③环境概况：水文和地质情况、拆迁和四通一平、障碍物清除和需要保护对象情况、周边交通环境、周边工作和生活环境、测量基准点设置和水、电、通信接入点。

④施工单位概况：单位名称和资质、项目班组成员和资证情况、组织结构和职责分工、工作习惯、内部管理模式、施工目标和措施。

⑤监理单位概况：组织形式、人员配备和职责分工、设备（检测、办公、交通、通信）、设施（办公、生活）。

2）项目特点分析：一般在五方面概况中至少各找出 1～2 项与一般项目不同的情况，然后进行原因分析、程度评估，对应找出可采取的预防或处理措施。

3）确定监理工作的范围、内容和目标：根据"监理合同"中关于监理工作的范围、内容和目标的条款约定内容和其他实际情况，将监理工作的范围、内容和目标的具体指标确定下来。

4）明确监理工作依据：根据实际情况，将工程实施地的地方性规定、合同、设计和作为依据的其他实际情况，在依据中明确。

5）根据项目概况、项目特点、监理工作依据、监理工作的范围内容和目标等要求，确定监理机构人员构成和进场计划安排等。在此，关键是要能反映出配置与上述要求的必要性和符合性。

6）规划中其他各条目内容，着重针对"项目概况"、"项目特点分析"和"监理工作范围、内容、目标、依据"的特殊点进行选编和内容增补。

（2）监理细则：

采用新材料、新工艺、新技术、新设备的工程，以及专业性较强、危险性较大的分部分项工程，以及有必要的工作，应编制监理实施细则。监理细则在相应工程施工开始前编制，经总监理工程师批准后实施。编制内容和要求如下：

1）监理细则的编制依据：已获批准的监理规划、与专业工程相关的标准、设计文件和专业工程实际情况。

2）专业工程概况：该分部分项工程的具体设计要点、施工环境、施工工艺、安全管理等特点。

3）特点分析：每项内容中至少选出 1～2 个特点来，分析影响因素、评估影响程度，确定施工的重点、难点和关键点，再进一步明确分析出对监理而言的重点、难点和关键点。

4）监理工作的标准流程和要点：一般按照公司标准选编。

5）监理重点、难点和关键点的方法及措施：为确保监理难点、重点和关键点的工作能控住、管牢、协调好，安全管理的监理责任履行到位，对应采取的工作方法以及保证监理工作效果的措施。

6）与其他专业、相关工作的协调与配合的方案或思路。

7）工作成果形式和实质的质量标准的具体要求：监理工作成果（多以"监理文件"的形式）的格式应按照国家、地方和企业的要求来编制、收集和组卷归档，并且明确在施工过程中方便检索使用、保管环境整洁、及时完整地保管整理、查漏补缺的周期和方式、整齐有序；编制的内容应按照监理规范和质量、安全检查验收标准的抽检数量和方法规定，以及旁站见证的规定，制订具体的、有针对性的标准，以指导、规范操作。

（3）监理日记填写内容及要求：

1）监理日记填写内容：

①人员动态：人员到岗情况，调动情况，脱岗原因。

②施工情况及存在问题：检查施工管理人员到岗情况，调动情况，检查各作业部位施工班组的人数、完成工程量、施工机械投入量及故障情况；原材料、半成品、构配件进场、报验质量情况及仓储管理情况。

③监理工作内容及问题处理情况：见证、旁站、巡视、平行检验情况的记录，报、验、审情况的记录，发现或受理问题、处理结果记录，对指导、指令、请示等记录，分析、协调质量、安全、进度、投资、合同管理等问题，编写相关报告、文件等工作内容的摘要。

④对质量、安全保证措施的科学、适用、可行、经济性提出建议。

⑤其他：会议、洽商等摘要，内部工作交接摘要，参与建设方及建设行政主管部门巡视、检查情况。

2）监理日志填写要求：

①监理日志的书写应该符合法律、法规、规范的要求，真实、全面、充分体现工程参建各方合同履行程度，公正记录每天发生的工程情况，准确反映监理每天的工作情况及工作成效。禁止做假，不能为了某种目的修改日志，不得随意涂改、刮擦。

②监理人员应每天按时填写监理日志，避免事后补记。

③记录问题时对问题的描述要清楚，处理措施和处理结果都要跟踪记录完整，形成闭合。

（4）监理例会会议纪要编制：

1）会议纪要的基本内容：

①时间、地点、参加单位和人员。

②议题、主持人、纪要签发人。

③会议内容纪要：

A. 对前段工作的小结、存在问题的分析及整改措施。

B. 对后续工作的指导。

C. 各方沟通、解决分歧、达成共识、做出决定等内容。

D. 作为后期工作、协商前提、事实固定的证据、依据等内容。

E. 领导指示、要求。

④作为纪要附件的依据性文件。

2）会议纪要编制要求：真实、完整、有条理地概括，准确表达会议实现的内容。

3）会议纪要的效力实现：

①会议纪要中时间、地点及签到齐全可追溯。

②会议纪要发送到参会单位时必须实行签收。

③重要会议在必要的情况下，可将"签发"、"转发"、"骑缝"、"异议回复提醒"、"签收"等内容一并在留底文件上完成。

（5）监理通知/监理工作联系单初稿编制：

1）编制内容：通知/联系的单位、事件和事由、处置要求或建议、处置验证、后续要求。

2）编制要求：

①通知/联系的内容要明确；

②处置要求或建议要符合法律法规、规范和建设合同等规定；

③处置和验证要与工作重要程度相适应、匹配；

④指令、标准要明确、准确。

（6）月报：

1）月报内容：本月工程基本情况；本月工程质量（分部、分项工程和检验批质量验收、见证取样、旁站等）、安全、进度、费用控制情况评述；合同其他事项的处理情况、工程变更情况、工程延期情况（原因、主要内容、延期时间、费用索赔情况等）；本月监理工作小结；下月监理工作计划。

2）月报编制要求：能真实反映工程现状和监理工作情况，语言简练，数据准确，重点突出。

（7）评估报告：

1）评估报告内容：

①工程概况；

②编制依据；

③评估方法；

④项目监理工作实施情况；

⑤施工质量监理评估。

2）评估报告编制要求：

以承包单位自检合格的资料为基础，结合监理单位日常巡视、旁站、平行检查、见证取样、技术资料审核等情况，客观、公正、真实地反映出工程质量、结构安全、使用功能及观感质量等是否达到设计和工程施工质量验收规范的要求，是否符合国家有关工程质量的法律、法规的要求。

7.1.2 本实习子单元考核标准

1. 及格：基本能核对报审内容，能依照样本编制对应的监理文件，细则收集齐全，并找到依据。

2. 良好：能自主核对报审内容，了解各项依据内容，能自主编制对应的监理文件，满足实习单位要求，细则收集齐全，并找到依据，并找出实施差距。

3. 优秀：能自主核对报审内容并作正常的资料编写，并了解各项依据内容；能自主编制对应的监理文件，满足实习单位要求，了解相关规范要求，细则收集齐全，找到依据，并找出实施差距，自主编制或调整差距。

7.1.3　思考和拓展题

1. 各类监理文件编制的作用是什么？
2. 在实际工程中如何实施各监理文件？

见证取样与旁站施工

见证取样是指项目监理机构对施工单位进行的涉及结构安全的试块、试件及工程材料现场取样、封样、送检工作的监督活动，是保证检验工作科学、公正、准确的重要手段。在日常工作中，我们通常把构件、施工实体试验、检测的工作，作为对取样的位置选取、数量和采取的检测方法等的见证。

旁站是监理人员在施工现场对工程实体关键部位或关键工序的施工质量进行的监督检查活动。

7.2.1 实习步骤和要点

过程一：收集资料、对照学习

1. 收集实习工程取样见证试验工作的资料：试验单位、试验人员和施工单位取样员资证、见证取样单（包括封样单）、原材料试验登记台账、材料检测报告、标准规范等，对照学校所学与施工现场的差异。

2. 收集实习工程旁站工作资料：旁站记录、旁站方案、监理日记、浇捣令、隐蔽验收记录等，对照学校所学与施工现场的差异。

过程二：跟踪模仿、学习理解

1. 见证取样

（1）跟随工地指导师傅学习见证取样。跟随学习见证取样项目可参照表7-4，观察了解师傅取样、现场检验所使用的机具、设备和方法，编制资料格式和方法以及试验、检测结论报告的鉴别和处理，并做好记录。

（2）查找并学习见证取样制度和建筑工程检测试验技术管理规范等规定和规范，项目关于见证取样的方案计划等资料，掌握见证取样的范围、方法和要求。

（3）结合样本，模仿师傅的做法，自己动手完成一次见证取样并完成相关登记。

2. 旁站施工

（1）熟悉各验收规范对旁站监理的要求并能够编制旁站监理方案，明确旁站监理范围、内容、程序和旁站监理人员职责。

（2）明确需旁站的部位或工序：混凝土、土方回填、地下连续墙、后浇带、卷材防水层细部结构处理、钢结构、索膜结构、装配式结构安装、梁柱节点钢筋隐蔽过程、预应力张拉、节能保温。

（3）了解各旁站重点内容及注意事项。

（4）跟随师傅参与旁站，了解师傅旁站的关注点，对问题的处置和资料的编写。

见证取样跟踪记录用表 表7-4

现场见证取样试验工作的资料收集	1.（目录附照片）
	2.
	……
有关检测规范、方案等名称和具体条款	1.（目录附封面照片）
	2.
	……
施工方取样使用的机具	1.（目录附照片）
	2.
	……
师傅取样见证各操作过程照片	1. 取样
	2. 封样
	3. 送样
	……

过程三：自主见证取样与实施旁站施工

1. 取样见证试验

（1）熟悉设计文件，根据设计文件（材料、构配件的规格、型号、数量等）及相关检测规范，参考表7-5所提供的主要标准和表7-6的取样要求，在拟施工部位的材料、构配件进场使用前，编制见证取样计划，确定抽样方案（包括抽样时间、地点、批次、方法、数量、保管和送样等）。

（2）审核检测单位的营业执照和资质证书，具有相关检测的资格，确保各项检测活动有效。

（3）见证施工单位取样人员按要求取样（取样数量和形状尺寸、方法、试件形成方法、样品标记或特征描述），对于现场实体检测的项目（桩动测、静载、混凝土强度实体检测、门窗现场物理性能检测等），见证检测机构开展现场检测工作（包括检测设备、人员、过程、数据和现象、结果等）。

常用见证取样、试验所依据的主要标准　　　　表 7-5

试样、试验名称	依 据 标 准
钢筋、钢筋连接、钢结构现场检测	《混凝土结构工程施工质量验收规范（2010 年版）》GB 50204—2002
	《钢筋焊接及验收规程》JGJ 18—2012
	《钢筋机械连接技术规程》JGJ 107—2010
	《钢结构工程施工质量验收规范》GB 50205—2001
水泥	《混凝土结构工程施工质量验收规范（2010 年版）》GB 50204—2002
	《通用硅酸盐水泥》GB 175—2007
	《水泥取样方法》GB/T 12573—2008
粗骨料、细骨料	《混凝土结构工程施工质量验收规范（2010 年版）》GB 50204—2002
	《普通混凝土用砂、石质量及检验方法标准》JGJ 52—2006
	《建设用卵石、碎石》GB/T 14685—2011
	《建设用砂》GB/T 14684—2011
	《预防混凝土碱骨料反应技术规范》GB/T 50733—2011
钢结构	《钢结构工程施工质量验收规范》GB 50205—2001
	《钢结构焊接规范》GB 50661—2011
	《建筑结构检测技术标准》GB/T 50344—2004
	《焊缝无损检测　超声检测　技术、检测等级和评定》GB/T 11345—2013
墙体材料	《砌体结构工程施工质量验收规范》GB 50203—2011
	《砌墙砖试验方法》GB/T 2542—2012
	《混凝土砌块和砖试验方法》GB/T 4111—2013
	《烧结普通砖》GB 5101—2003
	《烧结多孔砖和多孔砌块》GB 13544—2011
	《烧结保温砖和保温砌块》GB 26538—2011
	《烧结空心砖和空心砌块》GB 13545—2003
	《蒸压加气混凝土砌块》GB 11968—2006
	《轻集料混凝土小型空心砌块》GB/T 15229—2011
	《混凝土多孔砖》JC 943—2004
	《混凝土多孔砖建筑技术规程》DB 33/1014—2003

试样、试验名称	依 据 标 准
防水材料	《屋面工程质量验收规范》GB 50207—2002
	《地下防水工程质量验收规范》GB 50208—2011
装饰装修材料	《建筑装饰装修工程质量验收规范》GB 50210—2001
	《民用建筑工程室内环境污染控制规范》GB 50325—2010
	《玻璃幕墙工程技术规范》JGJ 102—2003
	《金属与石材幕墙工程技术规范》JGJ 133—2001
砂浆、混凝土	《混凝土结构工程施工质量验收规范（2010 年版）》GB 50204—2002
	《建筑地基基础工程施工质量验收规范》GB 50202—2002
	《建筑桩基技术规范》JGJ 94—2008
	《建筑地面工程施工质量验收规范》GB 50209—2010
	《预拌混凝土》GB/T 14902—2012
	《砌体结构工程施工质量验收规范》GB 50203—2011
	《砌体工程现场检测技术标准》GB/T 50315—2011
	《混凝土质量控制标准》GB 50164—2011
	《混凝土强度检验评定标准》GB/T 50107—2010
	《回弹法检测混凝土抗压强度技术规程》JGJ/T 23—2011
	《后锚固法检测混凝土抗压强度技术规程》JGJ/T 208—2010
	《贯入法检测砌筑砂浆抗压强度技术规程》JGJ/T 136—2001
	《钻芯法检测混凝土强度技术规程》CECS 03—2007
饰面砖粘贴、拉拔抽样检测	《建筑装饰装修工程质量验收规范》GB 50210—2001
	《建筑工程饰面砖粘结强度检验标准》JGJ 110—2008
建筑安装工程	《建筑电气工程施工质量验收规范（2010 年版）》GB 50303—2002
	《智能建筑工程质量验收规范》GB 50339—2013
	《建筑及居住区数字化技术应用 第 1 部分：系统通用要求》GB/T 50299.1—2006
	《建筑及居住区数字化技术应用 第 2 部分：检测验收》GB/T 50299.2—2006
	《智能建筑工程检测规程》CECS 182—2005
	《住宅装饰装修给水排水工程施工技术规程》DB 33/T 1043—2007
	《建筑用绝缘电工套管及配件》JG 3050—1998

续表

试样、试验名称		依 据 标 准
建筑节能		《住宅设计规范》GB 50096—2011
		《公共建筑节能设计标准》GB 50189—2005
		《建筑节能工程施工质量验收规范》GB 50411—2007
		《夏热冬冷地区居住建筑节能设计标准》JGJ 134—2010
		《外墙外保温工程技术规程》JGJ 144—2004
		《居住建筑节能检测标准》JGJ/T 132—2009
		《居住建筑节能设计标准》DB 33/1015—2003
		《无机轻集料保温砂浆及系统技术规程》DB 33/T 1054—2008
专项检测	室内环境检测	《民用建筑工程室内环境污染控制规范（2013年版）》GB 50325—2010
	桩基检测	《建筑地基基础工程施工质量验收规范》GB 50202—2002
		《建筑地基基础设计规范》GB 50007—2011
		《建筑基桩检测技术规范》JGJ 106—2014
		《建筑桩基技术规范》JGJ 94—2008
	钢筋保护层厚度检测	《混凝土结构工程施工质量验收规范（2010年版）》GB 50204—2002
	建筑结构检测	《建筑结构检测技术标准》GB/T 50344—2004

常见见证取样参考表 表 7-6

试样类别	试样名称		检测项目	试件规格	取样数量	抽检批次
结构	钢筋	带肋钢筋	拉伸/冷弯/重量偏差	400~500/5d+150/≥500mm	2/2/5 根	同一牌号，同一炉罐号、同一规格的钢筋，每批重量不大于 60t
		光圆钢筋			2/2/5 根	
		冷轧带肋钢筋			1/2(2) 根（反复弯曲）	
		冷轧扭钢筋			3/3 根	同一牌号、同一规格尺寸、同一台轧机、同一台班钢筋，每批重量不大于 20t
	钢筋连接	闪光对焊	拉伸/弯曲	根据实验室仪器而定	3/3	300 个同牌号钢筋接头
		电弧焊	拉伸		3	300 个同牌号钢筋接头
		电渣压力焊	拉伸		3	300 个同牌号钢筋接头
		气压焊	拉伸/弯曲		3/3	300 个同牌号钢筋接头
		机械连接	抗拉强度		3	500 个同牌号钢筋接头
	水泥		强度/安定性	12kg/批	20 袋以上（散装水泥不少于 3 罐）中取等量样品	同一生产厂家、同一等级、同一品种、同一批号且连续进场的水泥，袋装不超过 200t 为一批，散装不超过 500t 为一批
	桩基试块	灌注桩	抗压强度	3 块 150×150×150/100×100×100	1 根/50m³/组	每根桩为一个检验批
		预制桩	硫磺胶泥	70.7×70.7×70.7	100kg/组	100kg 为一组
	混凝土	地面用	抗压强度	100×100×100	每层 1 组/1000m² 1 组	每层为一批
		现拌			GB50204—2011	同一配合比每 100 盘或 1000 m³ 为一检验批
		预拌（商品）			GB14902—2003	1000m³ 以内 100 m³ 为一检验批 1000m³ 以上 200 m³ 为一检验批
		抗渗	抗压强度、抗渗等级		500 m³/组且≥2 组	500 m³ 为一检验批
	砂浆	地面用	抗压强度	70.7×70.7×70.7	每层 1 组/1000m² 1 组	每台搅拌机至少一次
		砌筑用			50m³/1 组	50m³ 砌体为一个检验批

续表

试样类别	试样名称		检测项目	试件规格		取样数量	抽检批次
结 构	回弹		混凝土抗压强度	≥30%且≥10件			混凝土产生工艺条件、强度等级相同，原材料、配合比、养护条件基本一致且龄期相近的为一批
	钻芯		混凝土抗压强度	15个/批			混凝土产生工艺条件、强度等级相同，原材料、配合比、养护条件基本一致且龄期相近的为一批
	后锚固法		混凝土抗压强度	≥3个			大于等于9个为一批
	贯入法		砌筑砂浆抗压强度	≥30%且不少于6个构件			龄期相近同楼层、同品种、同强度等级的250 m³ 为一批
	粗骨料		颗粒级配/含泥量/泥块含量/针、片状颗粒含量	16 份	一组		大型工具运输至现场的，以400m³ 或600t 为一批；小型工具运输或人工生产的，以200m³ 或300t 为一批
	细骨料		颗粒级配/含泥量/泥块含量（氯离子含量、贝壳含量、石粉含量）	8 份	一组		
	墙 体 材 料	烧结普通砖	抗压强度/抗折强度/孔洞率	根据实际大小		12块/组（备样2块）	同一生产厂家、同品种、同规格、同等级，按15万块为一批
		混凝土实心砖					
		烧结空心砖和空心砌块					
		烧结多孔砖				12块/组，孔洞率5块/组	同一生产厂家、同品种、同规格、同等级，按10万块为一批
		混凝土多孔砖				2块/组，孔洞率5块/组	
		蒸压灰砂砖				12块/组（备样2块）	
		粉煤灰砖				12块/组（备样2块）	
		普通混凝土小型空心砌块					同一生产厂家、同品种、同规格、同等级，按1万块为一批
		轻集料混凝土小型空心砌块					
		蒸压加气混凝土砌块					

续表

试样类别	试样名称	检测项目	试件规格	取样数量	抽检批次
防水材料	沥青防水卷材	物理性能	3m²/卷	大于1000卷抽5卷，每500~1000卷抽4卷，100~499抽3卷，100卷以下抽2卷	
	高聚物改性沥青防水卷材				
	合成高分子防水卷材				
专项检测	室内环境检测	室内环境污染物浓度	≥5%且不少于3间		
	桩基检测	静载	不少于总数1%且不少于3根		
		高应变	不少于总数5%不少于5根		
		钻芯	不少于总数10%且不少于10根		
		低应变	不少于总数30%且不少于20根		
		焊接探伤	检测10%的焊缝探伤		
		桩端持力层检验	逐孔检验		
		抗拔荷载	不少于总数1%且不少于3根		
	结构、构配件检测	钢筋保护层厚度	梁板不少于总数2%且不少于5个构件		
		同条件试块 抗压强度	不宜少于10组且不应少于3组	同一强度等级同条件养护试块	
		预制构件结构性能 承载力、挠度、裂缝宽度	1个	同一工艺正常生产不超过1000件且不超过3个月的同类产品为一批	

（4）样品取好后，根据不同情况，见证人员可亲自封样或与取样员一同将试样送至检测机构直至检测单位收进试样。

（5）对构件、实物进行施工试验和现场检测，主要是见证取样数量、部位、检测方法等与规范符合性。

（6）参照表7-7做好见证取样记录，并及时做好见证台账登记（包括：样品名称、规格、代表量批、样品编号、取样部位、取样日期、样品数量、送检时间、检测结果、拟用部位等）、检测进展情况跟踪。

见证取样用表 表 7-7

工程名称			
实物名称及数量		设计要求	
使用部位		厂家、合格证编号	
检测项目		取样地点	
取样部位、数量		试件规格形状	
标准依据		取样日期	
试样照片			
见证人		取样人	
送检方式		养护方式	
委托编号		报告编号	
检测结果			
合格判定			
判定依据			
收集相关检测成果资料的照片			

（7）检验结论的鉴别认定：核对所需检测材料名称的正确，以及验收规范和一些地方的暂行规定对检测项目的要求，看报告中是否正确和齐全；材料的试验报告结论应按相关材料、质量标准给出明确的判断；当仅有材料试验方法而无质量标准时，材料的实验报告结论应按设计要求或委托方要求给出明确的判断；现场实体检测报告，应根据设计及鉴定委托要求给出明确判断。

（8）报告结论的处理：报告结论符合要求的将报告资料登记汇总归档，准予进入下道工序施工；若不符合要求，应立即报告专监或总监，并按照相应指令进行处理，直至结论符合标准合格要求。

2. 旁站施工

（1）准备工作检查：在施工单位自检的基础上对上道工序进行验收，审查相关技术资料（施工方案、原材料检测报告、混凝土浇捣令等），核查施工单位管理人员、操作人员资证和到位情况，检查施工机具、材料准备和完好情况。

（2）施工过程旁站：对施工作业过程与设计、规范和方案明确的材料、方法、工艺、机具的符合性情况，对工程实体的形成情况进行旁站监督，出现的问题和处置情况进行监督检查、验证记录、责成改正；部分部位、工序的旁站注意重点：

1）混凝土浇捣：施工部位、厚度、混凝土强度等级、试块制作。

2）土方回填：部位、土质、含水率、密实度、厚度、夯压遍数。

3）防水：施工部位、防水材料种类、检测情况、细部处理（结构阴阳角，结构的基底清理、变形缝、施工缝、后浇带，穿墙穿、埋设件）。

4）节能保温：施工部位、材料、细部。

（3）向施工方提出，旁站处理；对疑问难题，或施工方不作处理的应向专监（总监）汇报，并按确定的意见执行。

（4）旁站资料编制：参照表 7-8 的格式，按规定填写好旁站监理记录，记录要真实、及时、准确、全面反映关键部位或关键工序的有关情况，特别要注意保存好原始数据和书面资料。对施工过程中出现的较大质量问题和质量隐患，旁站监理人员将情况记录，有条件的应采取照相或摄像手段予以记录，以便查证、处理。

7.2.2　本实习子单元考核标准

1. 及格：能见证取样，了解取样方法；能认真、负责顶岗旁站，了解旁站规定。

2. 良好：能自主见证取样，完成相关资料登记，了解取样方法、设计要求；能自主顶岗旁站，会编写资料，了解旁站要求。

3. 优秀：能自主见证取样，资料登记，报告结论鉴别，了解设计和相关规范要求；能自主完成顶岗旁站和资料编写，了解设计要求、施工操作标准要求和旁站要求。

旁 站 记 录　　　　　　　　　　　　　表 7-8

工程名称：			
气 候：			
旁站监理的部位或工序：			
旁站监理开始时间：		旁站监理结束时间：	
施工情况			
准备工作 完成情况	人、机、料、法、环（含"安全"）	施工情况	施工过程情况、试验与检验情况、设备、材料的使用情况、质量保证体系运行情况
监理情况： 　　旁站过程中监理人员发出的指令，施工单位提出的问题及监理人员的回复，各方指示，包括建设单位、总监理工程师或专业监理工程师对旁站监理人员的指示都要记录在旁站记录中			
发现问题：			
处理意见（含"重复检验"结论及证据说明）：			
旁站施工照片：			

7.2.3　思考和拓展题

1. 实习工地整个见证过程中有哪些与你想象的不同，请与指导老师交流，并分析原因。

2. 你在收集、学习相关规范时，请思考各标准质监的相互关联是怎么样的？

3. 为什么要进行旁站？是否有可代替的方法？为什么不实行替代方案？

合同管理和投资控制

本子单元合同管理和投资控制是指在施工阶段，根据合同条款所约定的内容或方法，进行履约情况跟踪，做好工程变更、索赔和反索赔的证据收集整理、数据采集工作，以及工程款的审核，以利建设行为按约、工程投资受控。

7.3.1 实习步骤和要点

过程一：收集资料、对照学习

收集实习现场"工程承包合同"、"监理合同"、"招投标文件"、"工程款支付证书"、"索赔文件（工期、费用签证单）"等有关资料，了解现场投资控制和合同管理的具体实施方法、措施。

过程二：跟踪模仿、学习理解

跟踪师傅在施工过程中如何根据合同等文件进行工程进度款支付、控制工程变更费用、工程变更价款的确定、预防索赔和处理索赔等，采取了哪些措施、方法，起到了什么作用。

过程三：自主进行合同管理和投资控制

1. 认真研读施工承包合同，了解承发包的行为主体、标的物、金额、工期和质量要求、代表人及联系方式，了解对履约行为、合同变更、损失索赔、工程款支付、违约处置等内涵界定、操作方式的合同约定和争议处理。

2. 认真细致地做好日常工作记录，对可能影响合同正常履行、控制目标变化的内容，务必及时、完整采集记录相关数据和证据，固定相关事实。在此，特别要提醒采集的数据应能满足计价对工程量计算规则的需求。

3. 接到索赔、变更要求后，参照表7-9的格式和内容，对申报理由进行事实符合性核对。必要时，应提出合理化建议或避损要求，降低成本、限制损失扩大。

4. 参照表7-10的格式，按照合同口径（合同、商务标、招标文件内容）对变更、索赔、工程款等相关项目、工程量进行核对和价格审核。

5. 对核对的结论进行明确表述，对处置措施提出初步建议。

索赔审核用表   表 7-9

工程名称					
形象进度					
索赔（变更）事件名称、文号	索赔（变更）内容	索赔（变更）依据	理由、诉求及证据	自主记录、采集数据	核对结论

工程量审核用表   表 7-10

工程名称				
形象进度				
申报工程量名称	合同工程量	实际完成工程量	质量验收情况	备注

7.3.2　本实习子单元考核标准

1. 及格：找到现场有关投资控制和合同管理的资料，了解相关资料的作用，能跟随师父对现场的工程量、索赔文件进行审核。

2. 良好：找到现场有关投资控制和合同管理的资料，了解相关资料的作用，能自行完成现场的工程量、索赔文件的审核。

3. 优秀：找到现场有关投资控制和合同管理的资料，了解相关资料的作用，能自行完成现场的工程量、索赔文件的审核且满足实习单位要求，并了解相关规范要求。

7.3.3 思考和拓展题

1. 哪些条件可进行索赔？
2. 承包商可应用的索赔条款有哪些？

师 傅 说

1. 监理审核资料实质上就是看与法规和强制性条文、规范有没有发生冲突。因此，做监理一定要把法规、强制性条文等烂熟于心，这对监理来讲是基本功，也实在是太重要了。

2. 熟读图纸和见证取样手册，明白相关试样的取样数量，并准确计算出本工程所需试样的取样数量，以便于监控。

3. 要了解试验项目内容和作用，以便判断检测结果是否符合设计要求。

4. 熟悉相应规范并对旁站中的问题及时发现、及时纠正、完整记录、监督完善。

5. 我们在施工阶段监理的投资控制，实际上就是审核工程量、工程款支付审核等。如何发挥监理合理化建议对投资的控制作用，使各方受益，是提升监理品质的重要途径。

6. 做监理是凭良心、积德的事：你要正直，这样才能公正；你要安于普通平常，这样才不会贪念不义之财、非分之想；你要不断学习钻研，这样才能科学处事。倘若做不到，认为监理轻松、舒服、压力小还有"油水"，对不起，趁早改行吧。

施工现场岗位体验

知识目标：

1. 掌握实习岗位的工作职责。

2. 熟悉劳动保障等法律法规。

3. 了解所实习项目的管理组织结构、各相关主体的关系，以及相互沟通、协调的方法和手段；了解企业劳动管理、培训考证、公司的薪资福利等人力资源管理基本知识和制度。

技能目标：

1. 在师傅的指导下，能够完成本岗位技术管理工作。

2. 能够协助师傅进行基本的项目部内部协调联系工作。

3. 能够辅助完成师傅岗位的与其他主体单位之间的联系工作。

4. 能够根据公司的工作流程，完成基本事项的办理。

施工现场管理组织体验

为便于施工现场各项管理工作的开展和各项质量、安全责任措施的落实，确保施工质量和安全，应针对工程的特点，组建项目管理组织机构，并明确组织机构中各岗位职责。

8.1.1 实习步骤和要点

过程一：收集资料、对照学习

1. 收集各种类型组织机构资料，如直线制、职能制等。收集实习项目的组织机构图。

2. 根据施工现场管理岗位设置，在现场收集岗位职责要求，或通过其他手段采集相关数据、内容。主要收集的资料有：项目经理岗位职责、技术负责人岗位职责、施工员岗位职责、质量员岗位职责、材料员岗位职责、安全员岗位职责、资料员岗位职责。

3. 分析比较各岗位之间的关系，收集各岗位之间联系协调工作中所用到的表格或资料。

过程二：跟踪模仿、学习理解

1. 根据格式要求摘录各类型组织机构优缺点。

2. 讨论本项目部所采取的组织机构类型的利弊，以及与课本中该类型组织机构的差异，分析差异产生的客观和主观原因。

3. 明确师傅的岗位，观察师傅与其他岗位人员之协调采取的方式和手段，如口头协调或指令、表格等。

4. 按格式要求摘录自己的管理岗位职责。

5. 对照职责，结合自己实际的实习工作，列出自己的工作责任和要求。

6. 进一步深入了解实习单位的管理岗位职责、范围和内容，以及与其他工作岗位之间的基本关系，结合自己的理解和看法，绘制现场组织机构框图，进一步描述如何与同事配合。

过程三：自主履行本人岗位职责

1. 按照现场安排，开展工作，并按照表8-1、表8-2的内容，分析、体会组织机构的类型、职责、办事流程等。

2. 根据职责，进一步延伸自己的工作内容、理清上下级和同事关系。

3. 按照职责和流程，结合实际工作，寻找差异、分析利弊，完善改进。

组织机构类型分析　　　　　　　　　　　　　表8-1

序号	事　项	内　容	理解、分析、调整、效果
1	本项目的组织机构类型		
2	组织机构中各岗位之间的关系（如上下级关系、平行关系）		
3	本岗位或师傅的岗位与其他岗位之间的联系协调方式和手段		
4	本组织机构类型规定与实际的差异		

本实习岗位的工作职责及履行　　　　　　　　　表8-2

序号	事　项	内　容	理解、分析、调整、效果
1	本岗位的主要工作内容和职责		
2	工作中需要联系的岗位或部门		
3	本岗位工作流程		
4	职责规定与实际的差异		

8.1.2　本实习子单元考核标准

1. 及格：能按照安排有序工作，收集实习单位的组织机构和各管理岗位职责资料，摘录的职责符合要求。

2. 良好：在及格的基础上，对自身工作准确定位，正确按流程完成工作，并有自己的认识。

3. 优秀：在良好的基础上，能够结合企业施工现场管理岗位职责和实际的工作流程，分析调整，提高执行力。

8.1.3　思考和拓展题

1. 真正理解自己岗位的工作性质。

2. 明白本岗位需要完成的基本工作。

3. 你作为施工员（或其他岗位），质量员、材料员、安全员、资料员之间需要协调的事项。

4. 需向你的上级（如项目经理、技术负责人等）汇报的事项。

5. 所负责事项的相关安全事宜。

施工现场主体关系体验

建设工程现场有建设单位派驻工地的管理代表或者机构、施工单位项目部、监理单位派驻工地的项目监理部。其他的单位一般都不驻现场，如地质勘察单位、设计单位（他们与建设单位是委托合同关系，他们的工作是在施工前即已完成大部分，在施工过程中只负责处理现场的一些技术问题）。建设单位与施工单位是承包合同关系，一个是产品需要方，一个是产品生产方，也就是通常所说的买方与卖方；建设单位与监理单位是委托合同关系，监理单位根据这个委托合同的授权，依照国家的法律、法规、行业标准对承包单位的现场施工行为进行监督管理，与建设单位的关系是委托与被委托的关系；监理单位与施工单位是监理与被监理的关系。这三家单位是建筑市场的建设主体。建设单位有检查合同实施情况的权利，并应尽服务现场的义务；施工单位应根据合同约定积极组织施工，履行承包合同的约定，接受监理单位代表建设单位对施工现场的投资、质量、进度控制和合同、信息管理及安全监理；建筑市场各方主体根据民法通则，在法律地位上是平等的，各自都有相应的权利与义务。

8.2.1 实习步骤和要点

过程一：收集资料、对照学习

1. 收集施工现场各主体单位签订的合同资料。

2. 收集各主体单位的职责范围。

3. 建立各主体单位之间关系的网络图。

4. 收集各主体单位沟通、协调资料，如报审表、联系单等。

5. 对照规范，找出规定的协调方式和手段与实际的差异。

过程二：跟踪模仿、学习理解

1. 根据格式要求摘录各主体单位在建设工程施工现场的功能和职责。

2. 讨论实习所在单位在施工现场各主体单位关系网络图中的位置和作用。

3. 实习单位在与其他主体单位进行联系和协调时，参与联系的岗位和人员有哪些，采用何种沟通、协调方式和手段。

4. 将本岗位或师傅岗位所采用的协调方式进行分类，如，是指令类还是报告类。

5. 通过对协调方式的分类，分析实习单位在各主体关系中的位置。

过程三：自主进行施工现场主体单位关系体验

1. 参照表8-3，了解与本岗位或师傅的岗位相关联的主体单位的情况。

2. 参照表8-4，了解本岗位或师傅的岗位与其他主体单位协调、沟通的内容、方式和手段。

施工现场各相关主体关系的认识   表8-3

序号	事　项	内　容	理解、分析、调整、效果
1	各相关主体单位		
2	各主体单位的功能和作用		
3	各主体单位之间的关系		
4	实习单位在各主体关系中的位置		

本实习岗位的协调内容和协调方式   表8-4

序号	事　项	内　容	理解、分析、调整、效果
1	本岗位或师傅岗位所要协调的单位和岗位		
2	协调内容		
3	协调方式/类型（口头或表格等/指令或报告）		
4	规定与实际的差异		

8.2.2　本实习子单元考核标准

1. 及格：能按照安排有序工作，收集合同和相关协议资料，能填写完成表8-3和表8-4。

2. 良好：在及格的基础上，能对实习岗位所处的位置和作用准确定位，能开展协调工作，并有自己的认识。

3. 优秀：在良好的基础上，能够结合企业施工现场和实际的工作，能有效开展沟通和协调工作。

8.2.3　思考和拓展题

1. 分析在各类具体问题中，哪种协调方式最好。

2. 在与其他主体单位进行沟通、协调时，通过对师傅和对方的观察，你认为在沟通中应该采取什么样的态度和原则。

实习单位行政管理体验

学生在实习期间，不仅要在实习岗位的技术管理工作中进行能力培养和锻炼，还要尽快了解企业、融入企业，进入工作角色。本实习应使学生了解和遵守各项基本制度，懂得按照工作流程办事，了解奖惩制度和晋升制度，能够进行自我职业规划。

8.3.1 实习步骤和要点

过程一：收集资料、对照学习

1. 收集劳动法。

2. 收集实习单位的劳动人事制度、考勤制度、薪资制度、教育培训制度、奖惩制度、考核制度。

3. 收集劳动合同。

4. 收集实习单位相关申请表和申报表。

5. 根据格式要求摘录实习单位行政制度。

6. 根据所处的实习岗位或师傅的岗位，摘录劳动人事制度、考勤制度、薪资制度、教育培训制度、奖惩制度、考核制度中的有关内容。

过程二：跟踪模仿、学习理解

1. 请教师傅，了解负责劳动人事、考勤、考核等相关责任人或经办人。

2. 请教师傅，了解培训进修的申请流程和经办人。

3. 请教师傅，了解申请薪资调整的流程和办理人。

4. 观察师傅或在师傅指导下，根据企业行政工作流程，办理行政相关事宜。

过程三：自主进行实习单位行政管理体验

参照表8-5和表8-6的格式和内容，按照以下三方面的提示方向进行行政管理体验：

1. 向相关人员了解实习单位本年度的教育培训内容及报名条件。

2. 根据学校规定的返校日期，按照实习单位规定的流程办理请假手续。

3. 了解本岗位或师傅岗位可晋升的岗位，晋升需要的条件。

实习单位行政管理制度了解   表 8-5

序号	事 项	内 容	理解、分析
1	劳动法中有关聘任和解除劳动关系的规定		
2	实习单位的行政管理制度		
3	与本岗位或师傅岗位有关的薪资制度内容		
4	与本岗位或师傅岗位有关的教育培训制度内容		
5	与本岗位或师傅岗位有关的考核制度内容		

与本实习岗位相关的制度内容和办理流程   表 8-6

序号	事 项	内 容	理解、分析
1	培训进修的申请流程和经办人		
2	申请薪资调整的流程和办理人		
3	实习单位本年度教育培训内容及报名条件		
4	请假手续办理流程及审批人		

8.3.2 本实习子单元考核标准

1. 及格：能按照安排有序工作，收集相关法规和企业制度，能填写完成表 8-5 和表 8-6。
2. 良好：在及格的基础上，基本能照章办事。
3. 优秀：在良好的基础上，了解相关办事员，能够根据工作流程高效办理事务。

8.3.3 思考和拓展题

1. 通过思考确定自己想要了解的其他制度，以及想要办理的其他事项。
2. 通过与师傅的沟通，了解自己在企业内部进一步发展的途径。

师 傅 说

1. 施工现场管理人员关键是要处理好与操作班组的关系。我们务必要懂得"群众是真正的英雄"。在碰到困难茫然的时候，到班组去听听大家的意见，他们常常会点醒你。你要能从中悟出背后的道理，并带领大家去奋斗并收获由此而带来的成就。

2. 要学会与人交流、相互合作。与不同的单位合作，有不同的立场，对应就有不同的方法，这是重要的技巧。

3. 出现问题及时向领导汇报，寻求指导和支持，不要过度个人英雄主义。有的事情一个人做很累，还用可能与组织需求不一致，甚至是错的——事倍功半；有时有领导指点和支持，大家一起做，速度快、效果好——事半功倍。在组织中，执行力和请示汇报有一个度，好员工就能把握好，这是智慧。

4. 企业行政管理主要是通过企业行政组织内部的行政关系进行自上而下的指挥和协调，是以负责人的经济代价来实现他的权威性。所以，不要质疑你所需要执行的指令、所要遵守的制度、所要面对的权威，因为这一切都是你的上级以他的切身利益为担保所拥有的，并要通过它来实现更大的价值；你的对抗，有时简直就是要你上级的命。因此，对立的结果常常就是你死我活，当然大多数是以你粉身碎骨而告终。